高等职业教育课程改革系列教材
实践导向型高职教育系列教材

SMT工艺与设备

主　编　陈荷荷
副主编　颜晓河
参　编　董玲娇　康秀强　许海波

机械工业出版社

本书以SMT生产工艺为主线，以“理论知识+项目实践”相融合的方式来组织内容。本书主要介绍了SMT基本工艺流程、表面组装元器件的特点和识别工艺、焊锡膏的选取和涂覆工艺、贴片胶的涂覆工艺、静电防护常识、5S管理与生产工艺文件的编制方法、SMB的特点及设计、SMT印刷机及印刷工艺、SMT贴片机及印刷工艺、SMT再流焊机及焊接工艺等内容。全书内容涵盖了SMT生产的各个环节，注重内容的实用性，读者通过本书的学习能够全面系统地掌握SMT工艺及操作技能。

本书可作为高职高专相关专业教材，也可作为从事电子技术相关领域的工程技术人员的参考用书。

为方便教学，本书有电子课件、思考题答案、模拟试卷及答案等，凡选用本书作为授课教材的老师，均可通过电话（010－88379564）或QQ（3045474130）索取。

图书在版编目（CIP）数据

SMT工艺与设备/陈荷荷主编.—北京：机械工业出版社，2019.6（2022.1重印）
高等职业教育课程改革系列教材
ISBN 978-7-111-62381-6

Ⅰ.①S…　Ⅱ.①陈…　Ⅲ.①SMT技术-高等职业教育-教材　Ⅳ.①TN305

中国版本图书馆CIP数据核字（2019）第058212号

机械工业出版社（北京市百万庄大街22号　邮政编码100037）
策划编辑：曲世海　责任编辑：曲世海　陈文龙
责任校对：梁　静　封面设计：陈　沛
责任印制：郜　敏
北京富资园科技发展有限公司印刷
2022年1月第1版第2次印刷
184mm×260mm · 10.5印张 · 259千字
标准书号：ISBN 978-7-111-62381-6
定价：39.80元

电话服务　　网络服务
客服电话：010-88361066　机　工　官　网：www.cmpbook.com
010-88379833　机　工　官　博：weibo.com/cmp1952
010-68326294　金　书　网：www.golden-book.com
封底无防伪标均为盗版　机工教育服务网：www.cmpedu.com

前　言

表面组装技术（SMT）是先进的电子制造技术，在几乎所有的电子产品生产中都得到了广泛的应用。SMT 的普及应用，为电子产品的微型化、轻量化提供了组装基础条件，在当代信息产业的发展中起到了独特的作用。我国作为电子产品生产大国，对 SMT 人才的需求也越来越旺盛，掌握 SMT 基本理论、具备 SMT 生产基本实践能力，是高等职业院校电子类相关专业学生和电子制造业从业者必备的专业素质之一。

为适应 SMT 高速发展和快速普及的形势，解决相关专业技术人才缺乏对其发展产生的制约，温州职业技术学院电气系将“SMT 工艺与设备”作为电子信息工程管理方向大三学生的专业必修课。电子信息工程技术专业的教师结合多年的教学经验和实践体会，编写了本书。本书的编写力求体现以下特点：

1）以“SMT 生产工艺与设备”为主线，以理论与实践相结合为原则，突出“学做合一”的思想，利于在教学过程中实现“学中做，做中学”。

2）拓展了 SMT 职业的相关信息，着重培养学生的职业素养。

3）本书按“SMT 基础知识介绍—SMT 生产线介绍—综合实践项目”的顺序编写。根据高职学生的特点和认知规律，构建“基础知识—扩展知识—应用技能训练”的体系结构，理实一体化，体现螺旋上升的认识规律，体现了基本技能、核心能力、创新能力三个不同的层次。

本书由陈荷荷任主编，颜晓河任副主编，董玲娇、康秀强、许海波参与编写。其中，颜晓河编写第 1 章，陈荷荷编写第 2 ~ 7 章，董玲娇、康秀强编写第 8 章，许海波为本书提供了大量的图片和素材，并参与了部分文稿的计算机录入工作，全书由陈荷荷负责统稿。

本书在编写过程中，得到了温州申瓯通信设备有限公司和温州聚创电气科技有限公司的大力支持，在此一并表示感谢。

由于编者水平有限，书中难免存在差错和不足之处，真诚希望广大读者批评指正。

编　者

目　录

第1章　绪　　论

1.1　SMT概述

SMT（Surface Mount Technology）常译为表面组装技术、表面贴装技术等，该技术于20世纪60年代诞生于美国，经过几十年的发展已经被广泛应用于军事、航空、航天等尖端产品以及计算机、通信、工业自动化、消费类电子产品等各行业。我国SMT的应用起步于20世纪的80年代，进入21世纪以来更是发展迅速，我国目前已经成为世界第一大SMT产业国。应用SMT组装的电子产品具有体积小、性能好、功能全、价位低的综合优势，因此，SMT作为新一代电子工艺技术已被广泛地应用于各个领域的电子产品装联中，目前已成为世界电子整机组装技术的主流。

SMT通常包含表面组装元器件、表面组装印制电路板及图形设计、表面组装专用辅料、表面组装设备、表面组装焊接技术、表面组装测试技术、清洗技术以及表面组装大生产管理等多方面的内容，是突破了传统的印制电路板通孔插装元器件方式而发展起来的第四代组装方法，是现在非常热门的电子产品组装换代新观念，也是电子产品能有效实现“短、小、轻、薄”，多功能、高可靠、优质量、低成本的主要手段之一。

1.1.1　SMT的发展

SMT起源于20世纪60年代，发展到现在，已经进入完全成熟的阶段，不仅成为当代电路组装技术的主流，而且正继续向纵深方向发展。总体来说，SMT的发展历经了以下三个阶段：

第一阶段的主要技术目标是把小型化的片式元器件应用在混合电路的生产制造之中，从这个角度来说，SMT对集成电路的制造工艺和技术发展做出了重大的贡献。

第二阶段的主要目标是促使电子产品迅速小型化、多功能化。这一阶段，用于表面组装的自动化设备被大量研制开发出来，片状元器件的安装工艺和支撑材料也已成熟，为SMT的高速发展打下了基础。

第三阶段的主要目标是降低成本，进一步改善电子产品的性能价格比。随着SMT的成熟，工艺可靠性的提高，同时大量涌现的自动化表面组装设备及工艺手段，使片式元器件在PCB上的使用量高速增加，加速了电子产品总成本的下降。

目前，SMT总的发展趋势是元器件越来越小、组装密度越来越高、组装难度越来越大。SMT正在以下四个方面取得新的技术进展：

1）元器件体积进一步小型化。0201片状元器件、小引脚间距的大规模集成电路已经被大量使用在微型电子整机产品中。此过程中将对印刷机、贴片机、再流焊机设备及检测技术提出更高要求。

2）SMT电子产品可靠性的进一步提高。面对微小型的SMT元器件被大量采用和无铅焊接技术的应用，在极限工作温度条件下，消除了元器件材料因膨胀系数不匹配而产生的应力；同时也大大提升电子产品的高频性能，使得产品可靠性进一步得到提升。

3）新型生产设备的研制。近年来，各种生产设备正朝着高密度、高速度、高精度和多功能方向发展，同时，高分辨率的激光定位、光学视觉识别系统、智能化质量控制等先进技术得到了推广应用。

4）柔性PCB表面组装技术的重大发展。随着电子产品组装中柔性PCB的广泛应用，在柔性PCB上组装表面组装元器件已被业界攻克，其难点在于柔性PCB如何实现刚性固定的准确定位。

1.1.2 SMT的优越性

作为新一代的电子组装技术，与传统的通孔插装技术（Through Hole Technology，THT）相比，SMT具有如下优点：

1）组装密度高、电子产品体积小、重量轻。表面组装元器件比传统通孔插装元器件所占面积和质量都小得多。采用SMT可使电子产品体积缩小60%，质量减轻75%。

2）可靠性高、抗振能力强。由于表面组装元器件小而轻、可靠性高，故抗振能力强；采用自动化生产，贴装与焊接可靠性高，一般不良焊点率小于0.001%，比通孔插装元器件波峰焊接技术低一个数量级；用SMT组装的电子产品平均无故障时间为25万h。

3）高频特性好。由于片式元器件贴装牢固，元器件通常为无引线或短引线，降低了寄生电感和寄生电容的影响，减少了电磁干扰，降低了组件噪声，大大提高了电路的高频特性。

4）成本降低。印制电路板使用面积的减小和片式元器件的迅速发展，减少了印制电路板和元器件的成本。同时，SMT简化了电子整机产品的生产工序，降低了生产成本。

5）便于自动化生产。目前，通孔插装印制电路板要实现完全自动化，还需扩大40%原印制电路板面积，这样才能使自动插板机的插装头将元器件插入，否则没有足够的空间间隙，将碰坏零件。自动贴片机采用真空吸嘴吸放元器件，真空吸嘴外形小于元器件，这有利于提高安装密度，便于自动化生产。

1.1.3 SMT与THT的比较

SMT的特点可以通过其与传统通孔插装技术（THT）的差别比较体现。从组装工艺技术的角度分析，SMT和THT的根本区别是“贴”和“插”。二者的差别还体现在元器件、基板、焊接方法、PCB面积、组装方法和自动化程度等各个方面。SMT与THT的主要区别见表1-1。

表1-1 SMT和THT的区别

类型	SMT	THT
元器件	SOIC、SOT、LCCC、PLCC、QFP、BGA、CSR 片式电阻、电容	双列直插或DIP 针阵列PGA 有引线电阻、电容
基板	印制电路板采用1.27mm网格或更细设计，通孔孔径为ϕ0.3~0.5mm，布线密度要高2倍以上	印制电路板采用2.54mm网格设计，通孔孔径为ϕ0.8~0.9mm
焊接方法	再流焊	波峰焊
PCB面积	小，缩小比例为1:10~1:3	大
组装方法	表面安装（贴装）	穿孔插入
自动化程度	自动贴片机，生产效率高于自动插板机	自动插板机

1.1.4 SMT应用产品类型

根据电子产品的不同用途，可将SMT应用产品类型分为以下9种。

1）消费类产品，包括游戏、玩具、声像电子设备。一般来说，适用的尺寸和多功能性应作为考虑重点，但是产品的成本也是极为重要的。

2）通用产品，如小型企业和个人使用的通用型计算机。与消费类产品比较，用户期望产品具有较长的使用寿命，并能享有长期的服务。

3）通信产品，包括电话、转换设备、PBX和交换机。这些产品要求使用寿命长，且能够应用于相当苛刻的条件下。

4）民用飞机，要求尺寸小、重量轻和可靠性高。

5）工业产品，尺寸和功能是这类产品重点关注的对象，同时成本也是非常重要的。故这类产品在降低成本的同时，需确保产品达到高性能和多功能的要求。

6）高性能产品，由军用产品、高速大容量计算机、测试设备、关键的工艺控制器和医疗设备构成。可靠性和性能是至关重要的，其次是尺寸和功能。

7）航天产品，包括所有能够满足外界恶劣环境要求的产品。也就是说，在各种不同环境和极端的自然条件下可达到优质和高性能的产品。

8）军用航空电子产品，需满足机械变化和热变化的要求，应重点考虑尺寸、重量、性能和可靠性。

9）汽车电子产品，如汽车底板，能够用于各种不同的苛刻环境下。这些产品面临着极端的温度和机械变化，这给批量生产中实现最低成本和最佳的可制造性增加了压力。

1.2 SMT生产线及生产工艺

1.2.1 SMT生产线介绍

1. SMT生产线的组成

SMT生产线的主要生产设备包括印刷机、点胶机、贴片机、再流焊机，辅助生产设备包括上板机、下板机、接驳台、检测设备、返修设备和清洗设备等，一条完整的SMT生产线设备基本配置如图1-1所示。

（1）印刷机 印刷机位于SMT生产线的前端，用来印刷焊膏或贴片胶。钢网的网孔与PCB焊盘对正后，通过刮刀的运动，把放置在钢网上的焊膏或贴片胶漏印到PCB焊盘或相应位置上，为元器件的贴装做好准备。

（2）点胶机 点胶机主要用来涂覆焊膏或贴片胶，通过真空泵的压力，按照事先设定好的位置和剂量把辅料（贴片胶或者焊膏）涂覆到指定的位置上，适用于小批量、多产品生产，在生产过程中不需要更换、制作模具，大大缩短了生产周期。

（3）贴片机 贴片机又称贴装机，位于印刷机或点胶机的后面，其主要作用是通过事前设定的条件，准确地从指定位置取出指定的物料，正确地贴装到指定的位置上。SMT生产线的贴装能力和生产能力主要取决于贴片机的速度和精度等功能参数。该设备是SMT生

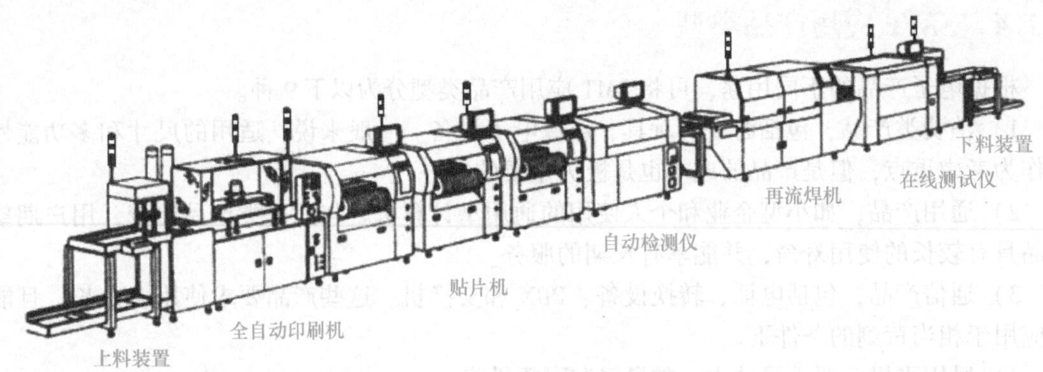

图 1-1 SMT 生产线设备基本配置

产线中技术含量最高、最复杂、最昂贵的设备。

全自动贴片机是集精密机械、电动、气动、光学、计算机、传感技术等为一体的高速度、高精度、高自动化、高智能化的设备。SMT 生产线中，贴片机的配置要根据生产产品的种类和产量来决定。

(4) 再流焊机　再流焊机也称为回流焊机，位于 SMT 生产线贴片机的后面，其作用是通过提供一种加热环境，把印刷机预先分配在 PCB 上的焊膏熔化，使表面贴装元器件与 PCB 焊盘通过焊膏合金可靠地结合在一起。

(5) 检测设备　检测设备的作用是对贴装好的 PCB 进行装配质量和焊接质量的检测。所用设备有放大镜、显微镜、自动光学检测仪（AOI）、在线测试仪（ICT）、X 射线检测系统、功能测试仪（FT）等。根据检测的需要，其安装位置在生产线相应工位后面。

(6) 返修设备　返修设备的作用是对检测出现故障的 PCB 进行返工修理。所用工具为电烙铁、BGA 返修台等。

(7) 清洗设备　清洗设备的作用是将贴装好的 PCB 上影响电气性能的物质或对人体有害的焊接残留物除去，如助焊剂等。若使用免清洗焊料，则可以不用清洗。清洗所用设备为超声波清洗机和专用清洗液，其安装位置不固定，可以在线，也可不在线。

2. SMT 生产线的分类

SMT 生产线按照自动化程度可分为全自动生产线和半自动生产线，按照生产线的规模大小可分为大型、中型和小型生产线。

全自动生产线是指整条生产线的设备都是全自动设备，通过自动上板机、接驳台和下板机将所有生产设备连成一条自动线；半自动生产线是指主要生产设备没有连接起来或没有完全连接起来，比如印刷机是半自动的，需要人工印刷或人工装卸印制板。

大型生产线具有较大的生产能力，一条大型生产线上的贴片机由一台多功能机和多台高速机组成。中、小型 SMT 生产线主要适合中小型企业和研究所，以满足中小批量的生产任务，生产线可以是全自动生产线，也可以是半自动生产线。贴片机一般选用中小型贴片机，如果产量比较小，可采用一台多功能贴片机；如果有一定的产量，可采用一台多功能贴片机和一至两台高速贴片机。

1.2.2 SMT的生产工艺流程

1. 两类基本工艺流程

SMT生产有两类最基本的工艺流程：一类是焊锡膏-再流焊工艺；另一类是贴片-波峰焊工艺。

（1）焊锡膏-再流焊工艺 焊锡膏-再流焊的工艺流程：印刷焊锡膏→贴片（贴装元器件）→再流焊→检验、清洗，如图1-2所示。该工艺流程的特点是简单、快捷，有利于产品体积的减小，该工艺流程在无铅焊接工艺中更具优越性。

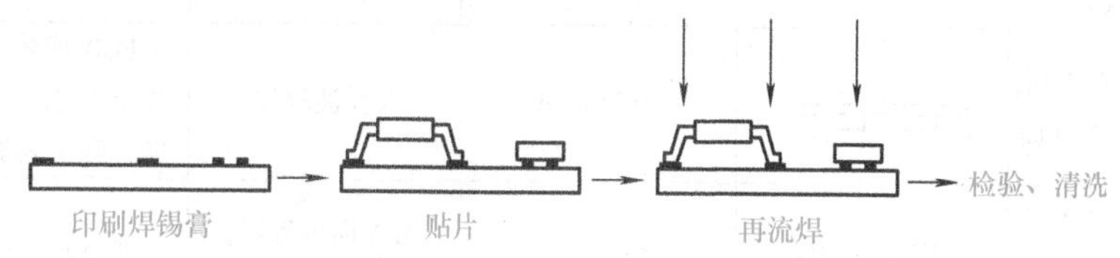

图1-2 焊锡膏-再流焊工艺流程

（2）贴片-波峰焊工艺 贴片-波峰焊的工艺流程：涂覆贴片胶→贴片（贴装元器件）→固化→翻板（翻转电路板）、插装通孔元器件→波峰焊→检验、清洗，如图1-3所示。该工艺流程的特点：利用双面板空间，电子产品的体积可以进一步做小，并部分使用通孔元件，价格低廉。但设备要求增多，波峰焊过程中易出现焊接缺陷，难以实现高密度组装。

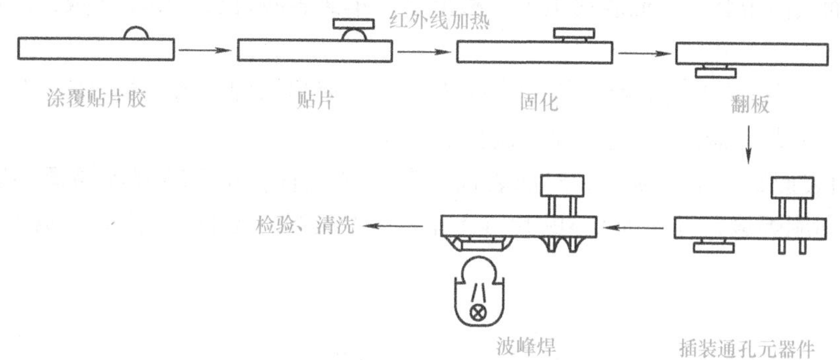

图1-3 贴片-波峰焊工艺流程

若将上述两种工艺流程混合或重复使用，则可以演变成多种工艺流程。

2. 表面组装元器件的组装方式

目前，表面组装元器件的品种规划并不齐全，因此在表面组装中仍需要采用部分通孔插装元器件。所以，通常所说的表面组装，往往兼有通孔插装元器件（THC/THD）和表面贴装元器件（SMC/SMD），全部采用表面贴装元器件的只是一部分。典型表面组装方式有全表面组装、单面混装和双面混装，见表1-2。全部采用表面贴装元器件的组装称为全表面组装，通孔插装元器件和表面贴装元器件兼有的组装称为混合组装（混装）。

表 1-2 典型表面组装方式

组装方式		示意图	电路基板	焊接方式	特征
全表面组装	单面表面组装	A B	单面 PCB 陶瓷基板	单面再流焊	工艺简单，适用于小型、薄型简单电路
	双面表面组装	A B	双面 PCB 陶瓷基板	双面再流焊	高密度组装、薄型化
单面混装	SMC/SMD 和 THC/THD 都在 A 面	A B	双面 PCB	先 A 面再流焊，后 B 面波峰焊	一般采用先贴后插，工艺简单
	THC/THD 在 A 面，SMC/SMD 在 B 面	A B	单面 PCB	B 面波峰焊	PCB 成本低，工艺简单，先贴后插。如采用先插后贴，则工艺复杂
双面混装	THC/THD 在 A 面，A、B 两面都有 SMC/SMD	A B	双面 PCB	先 A 面再流焊，后 B 面波峰焊	适合高密度组装
	A、B 两面都有 SMC/SMD 和 THC/THD	A B	双面 PCB	先 A 面再流焊，后 B 面波峰焊，B 同插装件后附	工艺复杂，很少采用

几种典型表面组装方式的工艺流程总结如下：

（1）全表面组装工艺流程　全表面组装（或纯表面组装）是指 PCB 上全部都是 SMC/SMD，有单面表面组装和双面表面组装两种形式。单面表面组装采用单面板，双面表面组装采用双面板。

1）单面表面组装工艺流程。单面表面组装工艺流程为焊锡膏-再流焊工艺，即印刷焊锡膏→贴片（贴装元器件）→再流焊→检验、清洗。

2）双面表面组装工艺流程。双面表面组装工艺流程：B 面印刷焊锡膏→贴片→再流焊→翻板→印刷焊锡膏（A 面）→贴片（A 面）→再流焊（A 面）→检验、清洗，如图 1-4 所示。

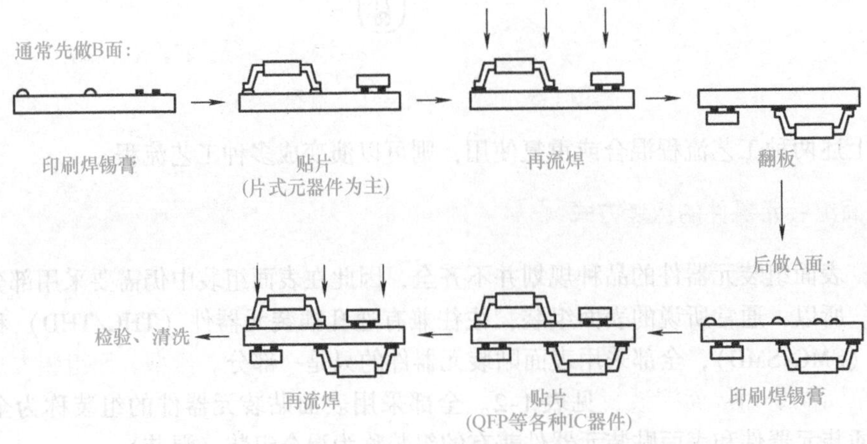

图 1-4　双面表面组装工艺流程

（2）单面混装工艺流程　单面混装是指 PCB 上既有 SMC/SMD，又有 THC/THD。THC/THD 在主面，SMC/SMD 既可能在主面，也可能在辅面。主要有两种情况：SMC/SMD 和 THC/THD 在同一面，如图 1-5a 所示；SMC/SMD 和 THC/THD 分别在两面，如图 1-5b 所示。

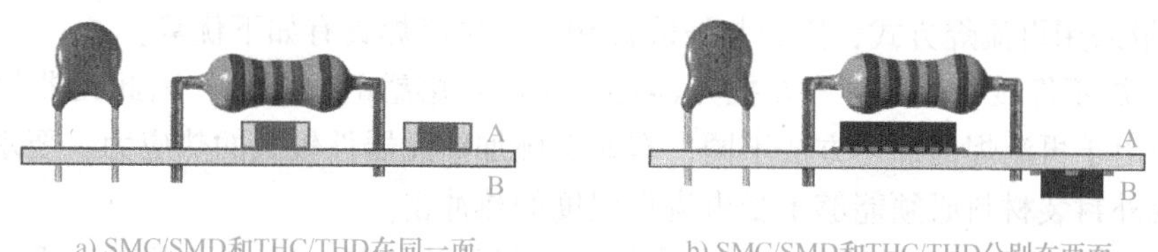

图 1-5　单面混装工艺流程

1）SMC/SMD 和 THC/THD 在同一面。单面混装工艺流程：印刷焊锡膏→贴片→再流焊→插件→波峰焊→检验、清洗。

2）SMC/SMD 和 THC/THD 分别在两面。单面混装工艺流程：B 面施加贴片胶→贴片→胶固化→翻板→A 面插件→B 面波峰焊→检验、清洗。

（3）双面混装工艺流程　双面混装是指双面都有 SMC/SMD，THC/THD 在主面，也可能双面都有 THC/THD。

1）THC/THD 在 A 面且 A、B 两面都有 SMC/SMD。双面混装工艺流程：PCB 的 A 面印刷焊锡膏→贴片→再流焊→翻板→PCB 的 B 面施加贴片胶→贴片→固化→翻板→A 面插件（补插通孔插装元器件）→B 面波峰焊→检验、清洗，如图 1-6 所示。

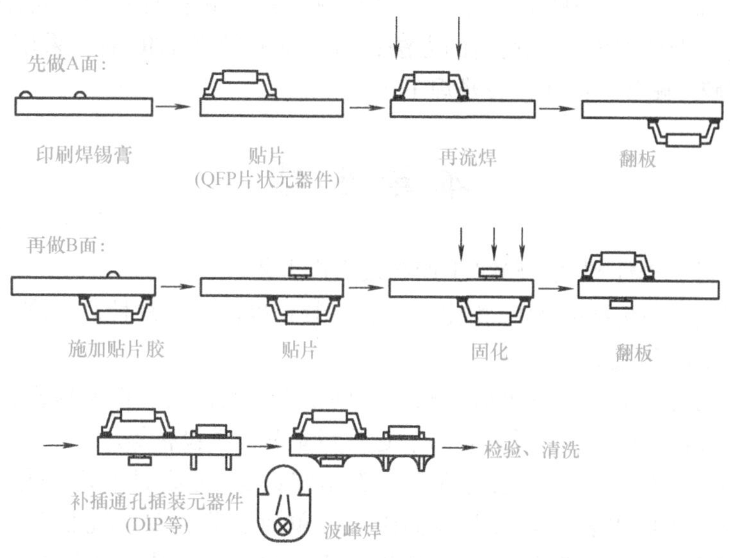

图 1-6　THC/THD 在 A 面且 A、B 两面都有 SMC/SMD 的双面混装工艺流程

2）A、B 两面都有 SMC/SMD 和 THC/THD。双面混装工艺流程：PCB 的 A 面印刷焊锡膏→贴片→再流焊→翻板→PCB 的 B 面施加贴片胶→贴片→固化→翻板→A 面插件→B 面波峰焊→B 面插装件→检验、清洗。

3. 表面组装工艺流程的选择

工艺流程的选择主要依据电路板的组装密度和 SMT 生产线的设备条件。当 SMT 生产线具备再流焊和波峰焊两种焊接设备时，可做如下考虑：

1）尽量采用再流焊方式，因为与波峰焊相比，再流焊具有如下优势：

① 再流焊不像波峰焊那样，要把元器件直接浸在熔融的焊料中，因此元器件受到的热冲击小。但由于再流焊的加热方法不同，有时会施加给元器件较大的热应力，要求元器件的内部结构及外封装材料必须能够承受再流焊温度的热冲击。

② 只需要在焊盘上施加焊料，用户能控制焊料的施加量，减少了虚焊、桥接等焊接缺陷的产生，因此焊接质量好、可靠性高。

③ 有自定位效应，即当元器件贴放位置有一定偏离时，由于熔融焊料表面张力的作用，当其全部焊端或引脚与相应焊盘同时被润湿时，能在润湿力和表面张力的作用下，自动被拉回到近似目标位置。

④ 焊料中一般不会混入不纯物，使用焊锡膏时，能准确地保证焊料的成分。

⑤ 可以采用局部加热热源，从而可在同一基板上采用不同焊接工艺进行焊接。

⑥ 工艺简单，修板的工作量极小，节省人力、电力、材料。

2）在一般密度的混合组装条件下，当 SMC/SMD 和 THC/THD 在 PCB 的同面时，采用 A 面印刷焊锡膏、再流焊，B 面波峰焊工艺；当 THC/THD 在 PCB 的 A 面、SMC/SMD 在 PCB 的 B 面时，采用 B 面点胶、波峰焊工艺。

3）在高密度混合组装条件下，当没有 THC 或只有极少量 THC 时，可采用双面印刷焊膏、再流焊工艺，少量 THC 采用后附的方法；当 A 面有较多 THC 时，采用 A 面印刷焊膏、再流焊，B 面点胶、贴片、固化、波峰焊工艺。

本章小结

本章主要介绍了 SMT 概述、SMT 生产线及生产工艺。

SMT 发展迅速，与传统的 THT 相比，具有组装密度高、可靠性高、高频特性好、成本低、便于自动化生产等优点。

SMT 生产线的主要生产设备包括印刷机、点胶机、贴片机、再流焊机，辅助生产设备包括上板机、下板机、接驳台、检测设备、返修设备和清洗设备等。

SMT 工艺有两类最基本的工艺流程：一类是焊锡膏-再流焊工艺；另一类是贴片-波峰焊工艺。典型的表面组装方式有全表面组装、单面混装和双面混装。全部采用表面贴装元器件的组装称为全表面组装，通孔插装元器件和表面贴装元器件兼有的组装称为混合组装。

思考题

1-1　在 PCB 的同一面，能否采用先再流焊 SMC/SMD、后波峰焊 THC/THD 的工艺流

程？为什么？

1-2 简述 SMT 的含义及其产生背景。

1-3 SMT 和 THT 的根本区别是什么？两者在哪些方面具有差别？

1-4 简述 SMT 工艺的主要内容。

1-5 简述 SMT 的两类基本工艺流程。

1-6 写出 SMT 生产系统的基本组成方式，说明每一工序的作用和主要设备。

1-7 简述表面组装元器件在电路基板上的 6 种组装方式。

第 2 章　表面组装元器件

2.1　常用电子制作工具

2.1.1　万用表

1. 万用表简介

万用表是万用电表的简称，又被称为多用表或复用表，是一种多功能、多量程的测量仪表。一般万用表可测量直流电流、直流电压、交流电流、交流电压、电阻和工频电压等，是电工必备的仪表之一，也是电子维修中必备的测试工具。万用表有很多种，目前常用的有指针万用表和数字万用表两大类，如图 2-1 所示。

图 2-1　指针万用表和数字万用表示例

指针万用表的基本原理是利用一只灵敏的磁电系直流电流表（微安表）作为表头，当微小电流通过表头时，就会有电流指示。但表头不能通过大电流，所以，必须在表头上并联或串联一些电阻进行分流或降压，从而测出电路中的电流、电压或电阻。虽然指针万用表的种类有很多，但基本工作原理则是大同小异，都是把待测量转换成指针指示。

数字万用表具有显示清晰、读取方便、灵敏度高、准确度高、过载能力强、便于携带、使用方便等优点。数字万用表主要档位与指针万用表档位相近。调节万用表功能旋钮，可以使万用表的档位在电阻档（Ω）、交流电压档（V~）、直流电压档（V⎓）、直流电流档（A⎓）和晶体管档之间进行转换。红、黑表笔插孔分别用来插红、黑表笔，晶体管插孔用来检测晶体管的极性和放大系数。

2. 数字万用表使用注意事项

数字万用表使用注意事项如下：

1）如果无法预先估计待测电压或电流的大小，则需拨至最高量程粗测量一次，再根据测量结果选择合适的量程范围。测量结束后，应将功能转换开关拨至最高电压档并关闭电源开关。

2）当误用直流电压档去测量交流电压或者误用交流电压档去测量直流电压时，显示屏将显示“000”或低位数字出现跳动。

3）测量时应避免将显示屏正对阳光，这样不仅晃眼，而且还会缩短显示屏的使用寿命，并且万用表也不可以在高温的环境中存放。

4）当显示屏出现电池符号时，说明电量不足，应及时更换电池。

5）无论使用或存放，严禁受潮和进水。

6）在测试时，不能旋转功能转换开关，特别是在测量高电压和大电流时，严禁带电转换量程，以防产生电弧，烧毁开关触点。

7）测量电容时，注意要将电容插入专用的电容测试座中，每次切换量程时都需要一定的复零时间，待复零结束后再插入待测电容；如果测量数值较大，则需要较长的时间才能将结果稳定下来。

2.1.2　电烙铁

1. 电烙铁简介

电烙铁是通过熔解锡进行焊接的一种修理时必备的工具，主要用来焊接元器件间的引脚，使用时只需将烙铁头对准待焊接口即可。电烙铁的种类比较多，常用的电烙铁分为内热式、外热式、恒温式和吸锡式等几类，图 2-2 所示为一个内热式电烙铁。

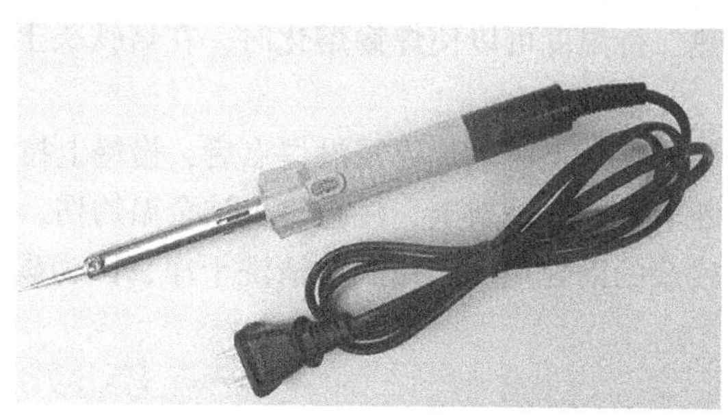

图 2-2　电烙铁（内热式）

2. 电烙铁使用注意事项

一般新买来的电烙铁在使用前都要在烙铁头上均匀地镀上一层锡，这样便于焊接并且可以防止烙铁头表面氧化。操作方法：用细砂纸轻轻地将烙铁头打磨光亮，通电烧热，将烙铁头蘸上松香后用刃面接触焊锡丝，让焊锡熔化涂布烙铁头后即可。旧的烙铁头如严重氧化或表面有异物附着，可用钢锉将其锉去，待露出金属光泽后，重新镀锡。

电烙铁在使用时应注意以下几点：

1）购买的新电烙铁最好是三极插头的，外壳具有接地功能的电烙铁使用起来会更加安全，毕竟电烙铁使用的是220V交流电压，比较危险。

2）在使用前一定要认真检查，确认电源插头、电源线无破损，并检查烙铁头是否松动。如果出现上述情况，请排除后使用。

3）在使用过程中不要将烙铁头在他人上方移动，以免发生危险，当烙铁头上焊锡过多时，可用布擦掉，不能用甩的方法，以免烫伤自己或他人。也不可乱放，防止高温将易燃物点燃。更要注意不要将烙铁头接触电源线，以免发生危险。

4）使用结束后，及时切断电源，待烙铁头冷却后，再将电烙铁收回。

3. 电烙铁使用时的辅助材料及工具

电烙铁使用时的辅助材料如下：

1）焊锡：熔点较低的焊料，主要由锡铅合金制作而成。

2）助焊剂：松香是最常用的助焊剂，助焊剂可以帮助清除金属表面的氧化物，既利于焊接，又可保护烙铁头。

焊接时的辅助工具一般是用来固定或移除小元器件的，最常用的是镊子，此外还有尖嘴钳、偏口钳等。

用电烙铁焊接电子元器件是硬件维修爱好者必须掌握的基本技能，操作相对简单但仍需勤加练习才能熟练使用。

4. 电烙铁的使用方法

电烙铁焊接的使用方法如下：

1）为了使焊点导电性良好，应事先用砂纸先将烙铁头打磨干净。力度要轻，不要使烙铁头过度磨损，过度磨损使其更易被氧化。

2）将电烙铁通电加热，待温度可以使焊锡熔化时，在烙铁头上涂上助焊剂，再将焊锡均匀地涂在烙铁头上。

3）用带焊锡的烙铁头接触焊点，当焊锡浸没焊点后，慢慢上拉电烙铁。

4）焊完后将电烙铁断电放在烙铁架上，注意避免被余温灼伤。

5）最后，电路板上残余的助焊剂还需用酒精清洗干净，因为碳化后的助焊剂会影响电路的正常工作。

2.1.3 吸锡器

1. 吸锡器简介

吸锡器是在拆除电子元器件时，用来吸收引脚焊锡的一种工具，是维修拆卸零件所必需的工具。尤其是大规模集成电路，如果拆卸时不使用吸锡器，则很容易将印制电路板损坏。吸锡器有手动吸锡器和电动吸锡器两类，又分为自带热源吸锡器和不带热源吸锡器两种，常见的吸锡器如图2-3所示。

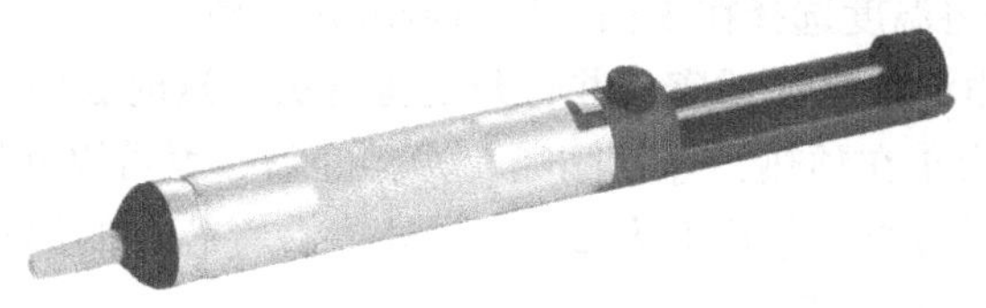

图 2-3 常见的吸锡器

2. 吸锡器的使用方法

吸锡器的使用方法如下：

1）按下吸锡器后部的活塞杆。

2）用电烙铁加热焊点并熔化焊锡。如果吸锡器带有加热元件，可以直接用吸锡器加热吸取。

3）当焊点熔化后，用吸锡器嘴对准焊点，按下吸锡器上的吸锡按钮，焊锡就会被吸锡器吸走。

4）如果未吸干净，可对其重复操作。

2.1.4 热风焊台

1. 热风焊台简介

热风焊台是一种常用于电子元器件焊接的手动工具，通过给焊料（通常是指锡丝）供热，使其熔化，从而达到焊接或分开电子元器件的目的。热风焊台主要由气泵、线性电路板、气流稳定器、外壳、手柄组件和风枪组成。正确地掌握其使用方法可以大大提高工作效率，如果使用不当，则可能会烧毁整个电路板。热风焊台外观如图 2-4 所示。

图 2-4 热风焊台外观

2. 热风焊台的使用方法

热风焊台的使用方法如下：

1）根据实际情况旋转热风焊台的风力和温度档位，切记温度和风力不宜太大，以免将芯片或部件烧毁。一般将温度选择在3档，风力调节在4档。

2）将热风焊台的电源线插入插座，并打开电源开关。这时会听到热风焊台的风扇开始“嗡嗡”地响，说明焊台正在预热，等“嗡嗡”声停止后，就可以开始使用了。

3）将风枪嘴对准要拆焊的芯片上方2～3cm处。沿着芯片的周围焊点均匀加热，当焊锡点熔化后，用镊子将芯片取下。

4）将芯片对准要焊接的部位放好，并注意引脚是否对准，以及各功能区是否放置正确，以免出现反接。使用热风焊台对其焊点部位加热，直到芯片与焊接部位接触完好。

5）为了确保焊点部位与主板接触良好，焊接完毕后用电烙铁对虚焊处进行补焊，并将短路处分开。

6）焊接完成后，先关闭热风焊台的电源开关，这时热风焊台的风扇还在继续工作，等风扇停止转动后，再拔下电源插头。

2.1.5 清洗及拆装工具

1. 清洗工具

（1）刷子　刷子也称为毛刷，是用毛、塑料丝等制成的，主要用来清扫部件上的灰尘，一般为长形或椭圆形，多数带有柄。

（2）皮老虎　皮老虎是一种清除灰尘用的工具，也称为皮吹子，主要用于清除元器件与元器件之间的落灰。常见皮老虎如图2-5所示。

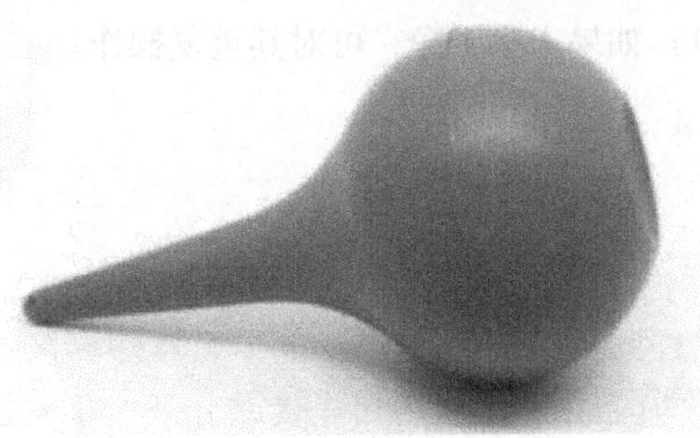

图2-5　常见皮老虎

2. 拆装工具

（1）螺钉旋具　螺钉旋具的种类比较多，它是拆装部件以及固定螺钉时的常用工具。常用的螺钉旋具有十字口和一字口之分。

（2）镊子　镊子是主板维修中经常使用的工具，常常用它来夹持导线、元器件及集成电路引脚等。

（3）钳子　钳子是一种用于夹持、固定加工工件或者扭转、弯曲、剪断金属丝线的手工工具。较常用的有尖嘴钳、偏口钳等，如图2-6所示。

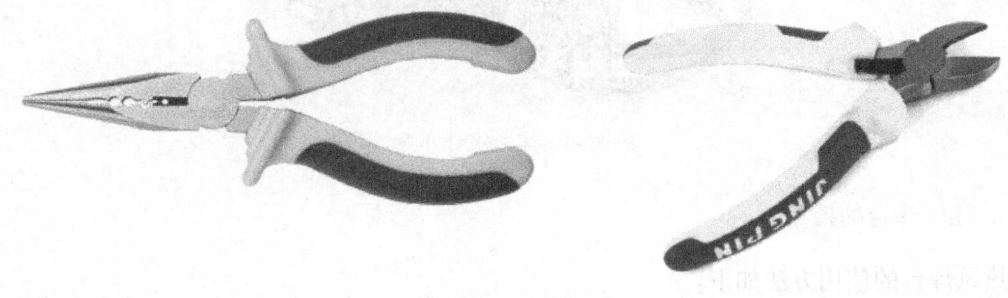

图2-6　钳子

2.2　表面组装电阻

2.2.1　电阻的封装和读数

1. 电阻的定义及功能

电阻是一个限流元件，是电路元件中应用最广泛的一种，在电子设备中约占元件总数的30%。其质量的好坏对电路的工作状态有着至关重要的影响。在电路中，电阻的主要作用是稳定和调节电路中的电流和电压，即起控制某一部分电路的电压和电流比例的作用。图2-7所示为电路中常见的电阻。

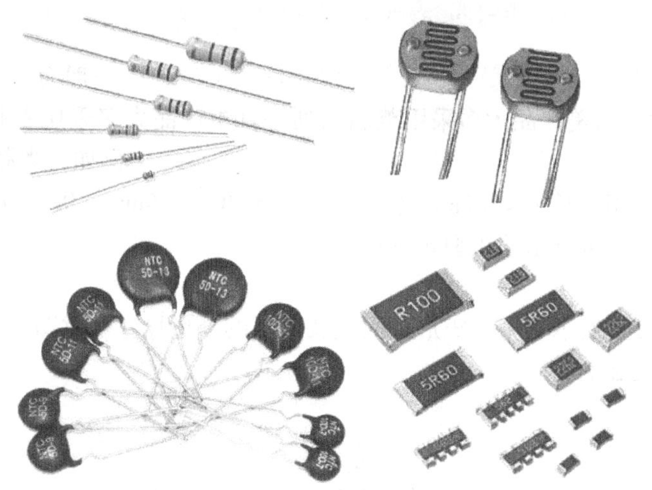

图2-7　电路中常见的电阻

2. 表面组装电阻

(1) 表面组装电阻的封装外形　表面组装电阻按封装外形，可分为片状电阻和圆柱状电阻两种，外形与结构如图2-8所示。表面组装电阻按制造工艺，可分为厚膜型（RN型）电阻和薄膜型（RK型）电阻两大类。

片状表面组装电阻一般是用厚膜工艺制作的：在一个高纯度氧化铝（Al_2O_3，96%）基底平面上网印二氧化钌（RuO_2）电阻浆来制作电阻膜，改变电阻浆料成分或配比，就能得到不同的电阻值；也可以用激光在电阻膜上刻槽微调电阻值，然后再印刷玻璃浆覆盖电阻膜，并烧结成釉保护层，最后把基片两端做成焊端。

圆柱状表面组装电阻（MELF）可以用薄膜工艺来制作。在高铝陶瓷基体表面溅射镍铬合金膜或碳膜，在膜上刻槽调整电阻值，两端压上金属焊端，再涂覆耐热漆形成保护层并印上色环标志。圆柱状表面组装电阻主要有碳膜ERD型电阻、金属膜ERO型电阻及跨接用的0Ω电阻三种。

(2) 外形尺寸　表面组装电阻常用外形尺寸的长度和宽度来命名其系列型号，其前两

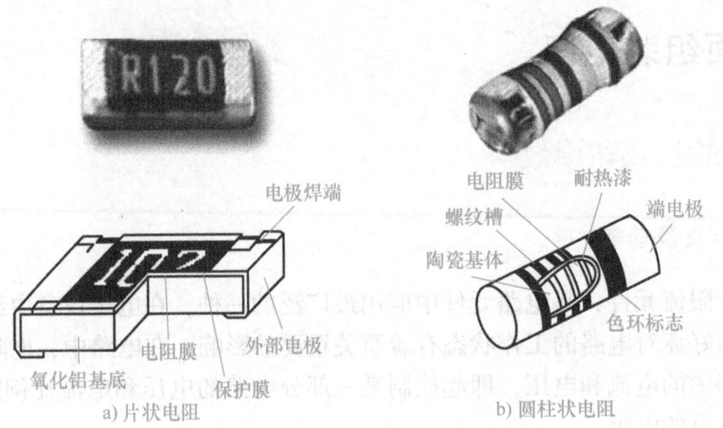

图 2-8　表面组装电阻的外形与结构

位数字都表示元器件的长度，后两位数字表示元器件的宽度。一般有米制（mm）和英制（in）两种表示方法，欧美产品大多采用英制系列，日本产品大多采用米制系列，我国这两种系列都可以使用。米制与英制的转换关系为 1in = 25.4mm。例如，米制系列 3216（英制 1206）的矩形片状电阻，长 $L=3.2$mm（0.12in），宽 $W=1.6$mm（0.06in）。系列型号的发展变化也反映了表面组装电阻的小型化过程：5750（2220）→4532（1812）→3225（1210）→3216（1206）→2520（1008）→2012（0805）→1608（0603）→1005（0402）→0603（0201）→0402（01005）。图 2-9 所示为一个矩形表面组装电阻的外形尺寸示意图，典型表面组装电阻系列的外形尺寸见表 2-1。

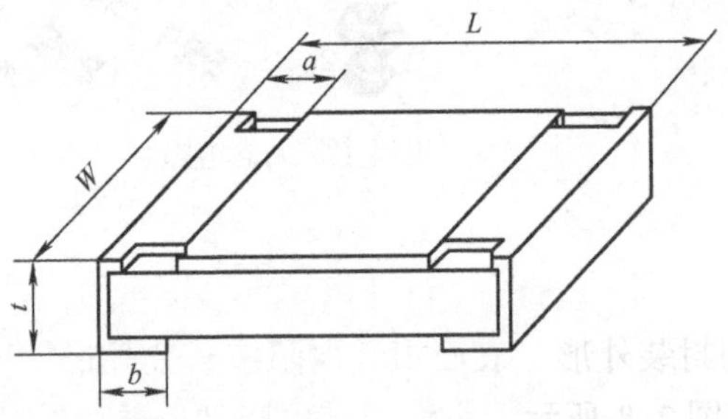

图 2-9　矩形表面组装电阻的外形尺寸示意图

表 2-1　典型表面组装电阻系列的外形尺寸　　（单位：mm/in）

米制/英制型号	*L*	*W*	*a*	*b*	*t*
3216/1206	3.2/0.12	1.6/0.06	0.5/0.02	0.5/0.02	0.6/0.024
2012/0805	2.0/0.08	1.25/0.05	0.4/0.016	0.4/0.016	0.5/0.02
1608/0603	1.6/0.06	0.8/0.03	0.3/0.012	0.3/0.012	0.5/0.02
1005/0402	1.0/0.04	0.5/0.02	0.25/0.01	0.25/0.01	0.5/0.02
0603/0201	0.6/0.024	0.3/0.01	0.2/0.005	0.2/0.005	0.25/0.01

（3）标称数值的标注　贴片电阻有矩形和圆柱形两种，其中，矩形贴片电阻基体为黄棕色，其阻值代码用白色字母或数字标注，标注的方法主要有以下几种：

1）三位数值标注法：第一、二位数字为有效数字，第三位数字表示在有效数字后面所加的“0”的个数，单位为Ω。如果阻值小于10Ω，则以“R”表示小数点。根据上述介绍完成表2-2。

表2-2　三位数值标注法举例

数字代号	标称阻值	数字代号	标称阻值
1R1		110	
4R7		111	

2）四位数值标注法：第一、二、三位数字为有效数字，第四位数字表示在有效数字后面所加的“0”的个数，单位为Ω。如果阻值小于10Ω，则以“R”表示小数点。根据上述介绍完成表2-3。

表2-3　四位数值标注法举例

数字代号	标称阻值	数字代号	标称阻值
1333		39R3	
2700	0	4R70	

3）字母和数字混合标注法：在电阻上标注1个字母和数字，其中，字母表示电阻值的前两位有效数字，字母后面的数字表示在有效数字后面所加的“0”的个数，单位为Ω。字母含义见表2-4。

表2-4　字母和数字混合标注法中的字母含义

字母	A	B	C	D	E	F	G	H	J
电阻值前两位有效数字	1.0	1.1	1.2	1.3	1.5	1.6	1.8	2.0	2.2
字母	K	L	M	N	O	Q	R	S	T
电阻值前两位有效数字	2.4	2.7	3.0	3.3	3.6	3.9	4.3	4.7	5.1
字母	U	V	W	X	Y	Z	—	—	—
电阻值前两位有效数字	5.6	6.2	6.8	7.5	8.2	9.1	—	—	—

根据上述介绍完成表2-5。

表2-5　字母和数字混合标注法举例

代　号	标称阻值	代　号	标称阻值
A0		H2	
A1		K4	

4）圆柱状电阻阻值的色环色标法：用三位、四位或五位色环表示阻值的大小，每位色环所代表的意义与通孔插装色环电阻完全一样，可以按“棕1、红2、橙3、黄4、绿5、蓝6、紫7、灰8、白9、黑0”记忆。例如，五色环电阻的色环从左到右第一位色环是绿色，其有效值为5；第二位色环为棕色，其有效值是1；第三位色环是黑色，其有效值为0；第

四位色环为红色，其倍率为2；第五位色环为棕色，其允许偏差为±1%，则该电阻的阻值为51000Ω，允许偏差为±1%。

（4）国内电阻的命名方法　表面组装电阻在料盘等包装上的标注目前尚无统一的标准，不同生产厂家的标注不尽相同。图2-10所示为常见的片状电阻标志的含义，图中的标志"RC05K103JT"表示该电阻是0805系列、阻值为10kΩ、允许偏差为±5%的片状电阻，温度系数为$\pm 250\times10^{-6}/℃$。

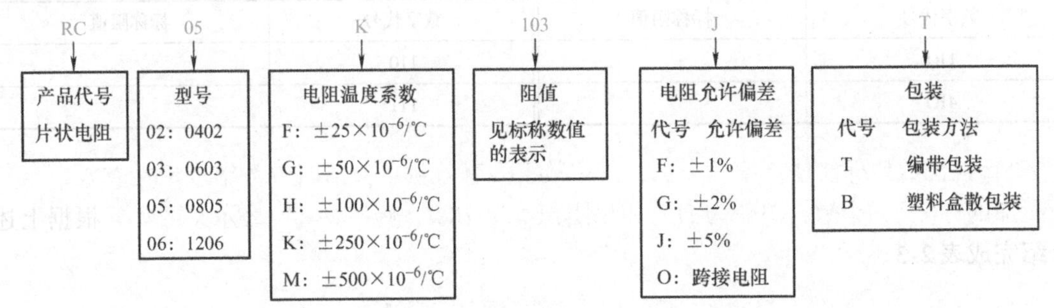

图2-10　常见的片状电阻标志的含义

贴片电阻各个厂家的命名方法见表2-6和表2-7。

表2-6　国巨公司常规贴片电阻命名方法

	××××	×	×	–	××	××××	×
RC	封装 0201 0402 0603 0805	精度 F=1% J=5%	包装 R=纸编带		编带大小 07=7in 10=10in 13=13in	阻值 例如：5R6 56R 560R 56k	终端类型 L=无铅
例如，RC0402FR－0756RL表示封装0402、精度1%、纸编带包装（7in）、56Ω无铅产品							

表2-7　风华高科科技股份有限公司常规贴片电阻命名方法

	×	××	×	××××	×	×
R	额定功率 C=常规功率 S=提升功率	封装 01=0201 02=0402 03=0603 05=0805 06=1206	温度系数 W=200×10⁻⁶/℃ U=400×10⁻⁶/℃ K=100×10⁻⁶/℃ L=250×10⁻⁶/℃	阻值标志 例如：5R6 5601 562 1004	精度 D=0.5% F=1% J=5%	包装 T=编带包装 B=塑料盒包装 C=塑料袋散装
例如，RC03L5601FT表示常规功率、封装0603、250×10⁻⁶/℃、5.6kΩ、精度1%、编带包装						

（5）表面组装电阻的电极焊端结构　片状表面组装电阻的电极焊端一般由三层金属构成，如图2-11所示。焊端的内部电极通常是采用厚膜技术制作的钯银（Pd－Ag）合金电极，中间电极是镀在内部电极上的镍（Ni）阻挡层，外部电极是铅锡（Pb－Sn）合金。中间电极的作用是避免在高温焊接时焊料中的铅和银发生置换反应，从而导致厚膜电极"脱帽"，造成虚焊或脱焊。镍的耐热性和稳定性好，对钯银内部电极起到了阻挡层的作用，但镍的可焊接性较差，镀铅锡合金的外部电极可以提高可焊接性。随着无铅焊接技术的推广，

焊端表面的合金镀层也将改变成无铅焊料。

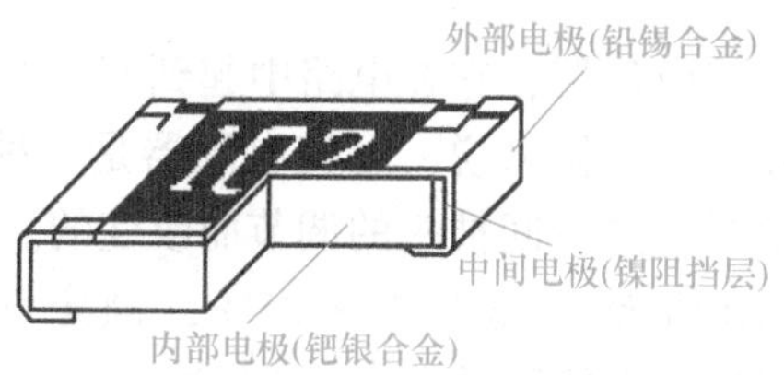

图 2-11 片状表面组装电阻的电极焊端

3. 表面组装电阻排

电阻排也称为电阻网络或集成电阻器，它是指在一块基片上，将多个参数与性能一致的电阻，按预定的配置要求连接后置于一个组装体内形成的电阻网络，具有体积小、重量轻、可靠性强、可焊性好等特点。图 2-12 所示为 8P4R（8 引脚 4 电阻）3216 系列表面组装电阻排的外形与尺寸。

电阻排按结构可分为 SOP 型、芯片功率型、芯片载体型和芯片阵列型四种。根据用途的不同，电阻排有多种电路形式，芯片阵列型电阻排的常见电路形式如图 2-13 所示。小型固定电阻排一般采用标准矩形封装，主要有 0603、0805、1206 等几种尺寸。电阻排内部的电阻值用数字标注在外壳上，意义与普通固定贴片电阻相同，其精度一般有 J（5%）、G（2%）和 F（1%）三种。

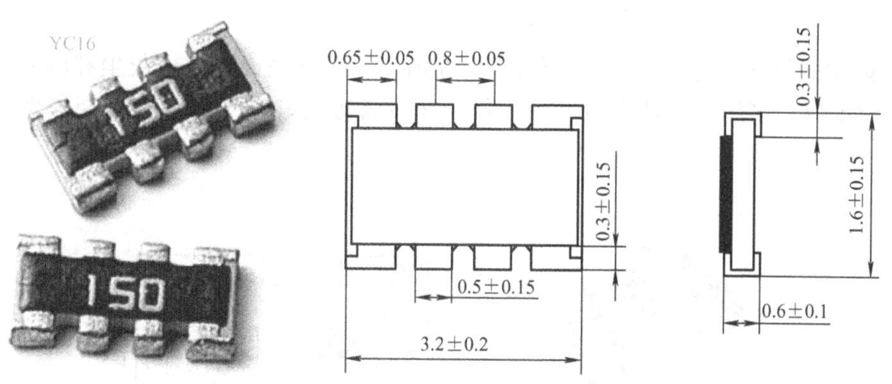

图 2-12 8P4R（8 引脚 4 电阻）3216 系列表面组装电阻排的外形与尺寸

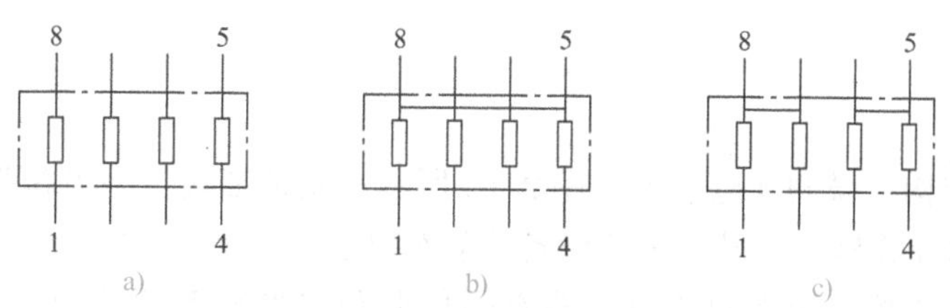

图 2-13 芯片阵列型电阻排的常见电路形式

4. 表面组装电位器

表面组装电位器又称为片式电位器，它在电路中起到调节电压和电流的作用，故分别称为分压式电位器和可变电阻器。但严格来说，可变电阻器是一种两端器件，其电阻值可变，而电位器是三端器件，其阻值是通过中间抽头的调节而改变的。一般，表面组装电位器标称阻值范围为 100Ω ~ 1MΩ，阻值允许偏差为 ±25%，额定功耗系列为 0.05W、0.1W、0.125W、0.2W、0.25W、0.5W，阻值变化规律为线性。表面组装电位器根据外形结构不同，可分为敞开式结构、防尘式结构、微调式结构和全密封式结构，下面介绍各种结构。

（1）敞开式结构　敞开式电位器的结构如图 2-14 所示。它又分为直接驱动簧片结构和绝缘轴驱动簧片结构。这种电位器无外壳保护，灰尘和潮气易进入产品，对性能有一定影响，但价格低廉。敞开式的平状电位器仅适用于焊锡膏－再流焊工艺，不适用于贴片－波峰焊工艺。

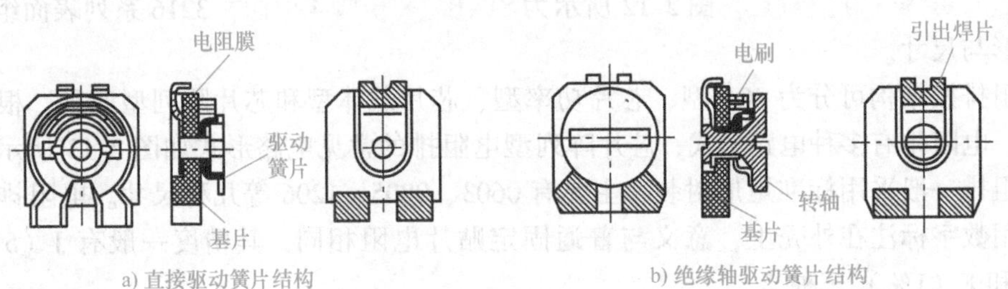

a) 直接驱动簧片结构　　b) 绝缘轴驱动簧片结构

图 2-14　敞开式电位器的结构

（2）防尘式结构　防尘式电位器如图 2-15 所示，有外壳或护罩，灰尘和潮气不易进入其内部，性能好，多用于如计算机、半导体工艺设备等复杂电子产品和高档消费类电子产品中。

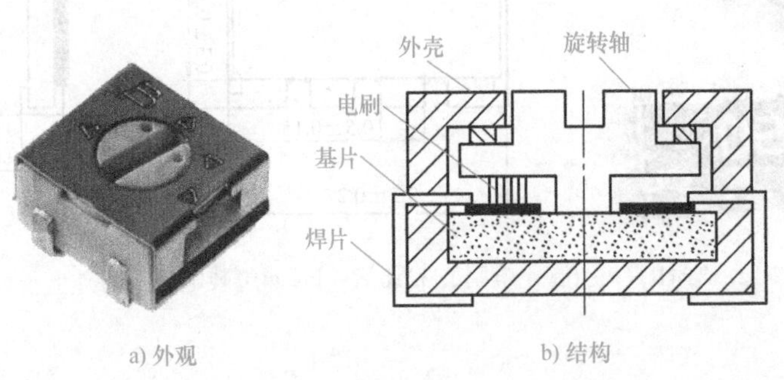

a) 外观　　b) 结构

图 2-15　防尘式电位器

（3）微调式结构　微调式电位器如图 2-16 所示，属精细调节型电位器，性能好，但价格昂贵，多用于如计算机、半导体工艺设备等复杂电子产品中。

（4）全密封式结构　全密封式电位器有圆柱形和扁平矩形两种形式，具有调节方便、可靠、寿命长的特点。圆柱形全密封式电位器的结构如图 2-17 所示，分为顶调和侧调两种。

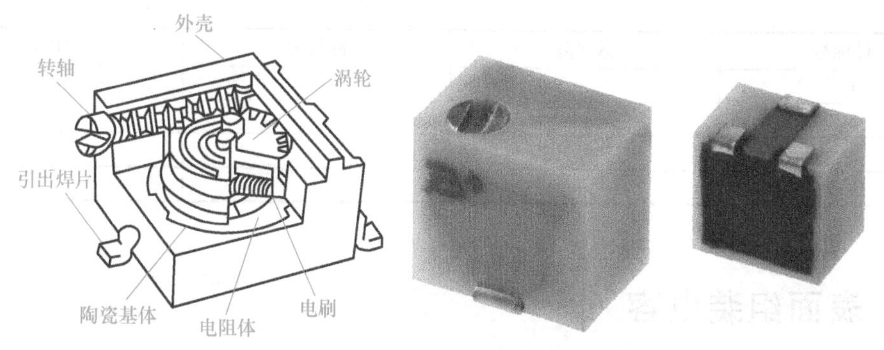

图 2-16　微调式电位器

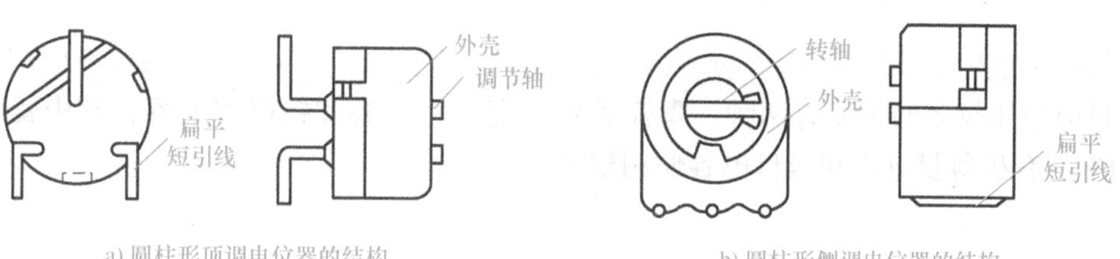

a) 圆柱形顶调电位器的结构　　b) 圆柱形侧调电位器的结构

图 2-17　圆柱形全密封式电位器的结构

2.2.2　电阻的检测

1. 普通贴片电阻的检测方法

普通贴片电阻在检测时主要有两种方法：一种是在路检测，另一种是开路检测。实际操作时一般都是采用在路检测，在检测无法判断其好坏时才采用开路检测。

例如，待测的普通贴片电阻标称阻值为 101（即标称阻值为 100Ω），应选用指针万用表 R×1 档或者数字万用表的 200Ω 档进行测量。

将万用表的红黑表笔分别接在待测电阻的两端。通过万用表测出阻值，观察阻值是否与标称阻值基本一致，如果实际值与标称阻值相距甚远，则证明该电阻已经出现问题。

2. 贴片式电阻排的检测方法

在检测贴片电阻时需注意其内部结构，先假设测量一个型号为 4P8R、标称阻值为 103（即阻值为 10kΩ）的电阻排。检测时，应将红黑表笔加在电阻对称的两端，并分别测量四对对称的引脚。检测到的四组数据均应与标称阻值接近，若有一组检测到的数据与标称阻值相差甚远，则说明该电阻排已损坏。

3. 表面组装电阻检测练习

1）总结如何测量贴片电阻、电阻排、熔断电阻等。

2）教师发放待测电阻，学生测量现有的电阻元件，并填写在表 2-8 中。

表 2-8 元件检测表

元件标号	标称值	测量值	判断好坏
1			
2			
3			
4			

2.3 表面组装电容

2.3.1 电容的封装和读数

表面组装电容主要包括片状瓷介电容、钽电解电容、铝电解电容、有机薄膜电容和云母电容。目前使用较多的主要有两种：陶瓷系列（瓷介）电容和钽电解电容，其中瓷介电容约占80%。有机薄膜电容和云母电容使用较少。

1. 表面组装多层陶瓷电容

（1）外形尺寸　表面组装多层陶瓷电容是在单层盘状电容的基础上制成的，电极深入电容内部，并与陶瓷介质相互交错。多层陶瓷电容简称 MLC，通常是无引脚矩形结构，其外形标准与片状电阻大致相同，仍然采用“长×宽”表示，有米制和英制之分，型号参考片状电阻，多层陶瓷电容的结构与外形如图 2-18 所示。

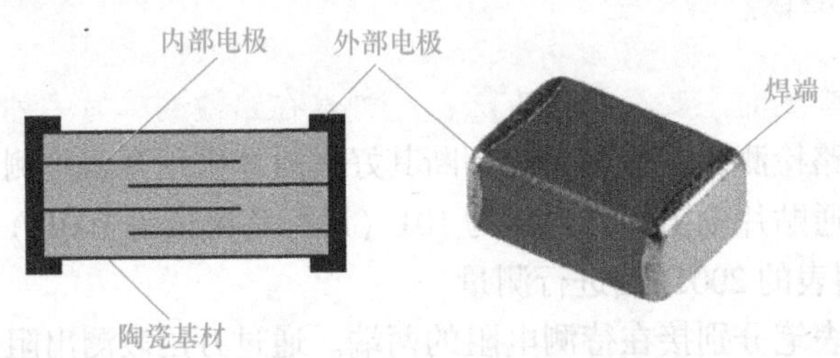

图 2-18 多层陶瓷电容的结构与外形

（2）标注

1）英文字母及数字标注法。早期采用英文字母及数字表示电容，它们均代表特定的数值，只要查表就可以估算出电容的容量，单位为 pF。字母、数字含义见表 2-9、表 2-10。

表 2-9 片状电容容量系数表

字母	A	B	C	D	E	F	G	H	J
容量系数	1.0	1.1	1.2	1.3	1.50	1.6	1.8	2.0	2.2
字母	K	L	M	N	O	Q	R	S	T
容量系数	2.4	2.7	3.0	3.3	3.6	3.9	4.3	4.7	5.1
字母	U	V	W	X	Y	Z	a	b	c
容量系数	5.6	6.2	6.8	7.5	8.2	9.1	2.5	3.5	4.0
字母	d	e	f	m	n	t	—	—	—
容量系数	4.5	5.0	6.0	7.0	8.0	9.0	—	—	—

表 2-10　片状电容容量倍率表

下角标数字	0	1	2	3	4	5	6	7	8	9
容量倍率	1	10^1	10^2	10^3	10^4	10^5	10^6	10^7	10^8	10^9

例如，标注为 F_5，则字母 F 代表系数 1.6，下角标 5 表示容量倍率10^5，由此可知该电容的容量为 1.6×10^5pF。试完成表 2-11。

表 2-11　电容英文字母及数字标注法举例

元件代码	标称值	元件代码	标称值
f_0		J_4	
A_1		S_5	
G_2		N_6	
E_3		A_7	

2）颜色和一个字母标注法。颜色和一个字母标注法是用电容上标一颜色加一个字母的组合来表示电容量。其字母的含义仍见表 2-9，其颜色则表示在字母代表的电容后面再添加“0”的个数，单位为 pF，详见表 2-12。例如，红色后面还印有“Y”字母，则表示电容量为 8.2pF。

表 2-12　颜色和一个字母标注法中颜色的含义

颜　色	10^n（次方数）	颜　色	10^n（次方数）	颜　色	10^n（次方数）
红	0	白	3	黄	6
黑	1	绿	4	紫	7
蓝	2	橙	5	灰	8

试完成表 2-13。

表 2-13　电容颜色和一个字母标注法举例

元件代码	标称值	元件代码	标称值
红 Y		绿 L	
黑 G		黑 B	
白 Y		橙 L	

3）色环表示法。色环表示法是圆柱状贴片电容常用的表示方法。其中，第一、二环表示电容量前两位有效数字，第三环表示乘 10 的几次方，第四环表示允许偏差（前四环的表示法与色环电阻基本相同），第五环则表示温度系数，单位为 pF，详见表 2-14。

表 2-14　电容色环表示法含义

颜色	第一、二环表示 第一、二位有效数字	第三环表示前面 数字应乘的倍率	第四环表示 允许偏差	第五环表示温度 系数/($\times10^{-6}$/℃)
黑	0	10^0	±20%	0
棕	1	10^1	—	-30

（续）

颜色	第一、二环表示 第一、二位有效数字	第三环表示前面 数字应乘的倍率	第四环表示 允许偏差	第五环表示温度 系数/($\times10^{-6}$/℃)
红	2	10^2	—	-80
橙	3	10^3	—	-150
黄	4	10^4	—	-220
绿	5	—	—	-330
蓝	6	—	—	-470
紫	7	—	—	-750
灰	8	—	±3%	-2200
白	9	—	—	-1000 ~ 350
金	—	—	±5%	-1000
银	—	—	±10%	30

例如，某电容五环颜色分别为红、红、橙、金、银，则该电容容量为 $22\times10^3\times(1\pm5\%)$pF，温度系数为 $+30\times10^{-6}$/℃。

2. 表面组装电解电容

常见的表面组装电解电容有铝电解电容和钽电解电容两种。

（1）铝电解电容　铝电解电容的容量和额定工作电压的范围比较大，因此做成贴片形式比较困难，一般为异形，主要应用于各种消费类电子产品中，价格低廉。按照外形和封装材料的不同，铝电解电容可分为矩形（树脂封装）和圆柱形（金属封装）两类，以圆柱形为主。

铝电解电容的制作方法：将高纯度的铝箔（含铝 99.9% ~99.99%）电解腐蚀成高倍率的附着面，然后在硼酸、磷酸等弱酸性的溶液中进行阳极氧化，形成电介质薄膜，作为阳极箔；将低纯度的铝箔（含铝 99.5% ~99.8%）电解腐蚀成高倍率的附着面，作为阴极箔；用电解纸将阳极箔和阴极箔隔离后烧成电容芯子，经电解液浸透，根据电解电容的工作电压及电导率的差异，分成不同的规格，然后用密封橡胶铆接封口，最后用金属铝壳或耐热环氧树脂封装。

由于铝电解电容采用非固体介质作为电解材料，所以在再流焊工艺中，应严格控制温度，特别是再流焊的峰值温度和预热区的升温速度。采用手工焊接时，电烙铁与电容的接触时间尽量控制在 2s 以内。

铝电解电容的电容值及耐压值在其外壳上均有标注，外壳上的深色标记代表负极，如图 2-19 所示。图 2-19a 所示为铝电解电容的形状和结构，图 2-19b 所示为它的标注和极性表示方式。

（2）钽电解电容　钽电解电容的性能优异，是所有电容中体积小但又能达到较大电容量的产品，因此容易制成适于表面贴装的小型和片状元件。

目前生产的钽电解电容主要有烧结型固体、箔形卷绕固体、烧结型液体三种，其中，

图 2-19 表面组装铝电解电容

烧结型固体类约占目前生产总量的95%以上，而又以非金属密封型的树脂封装式为主体。图 2-20 所示为烧结型固体电解质片状钽电容的内部结构图。

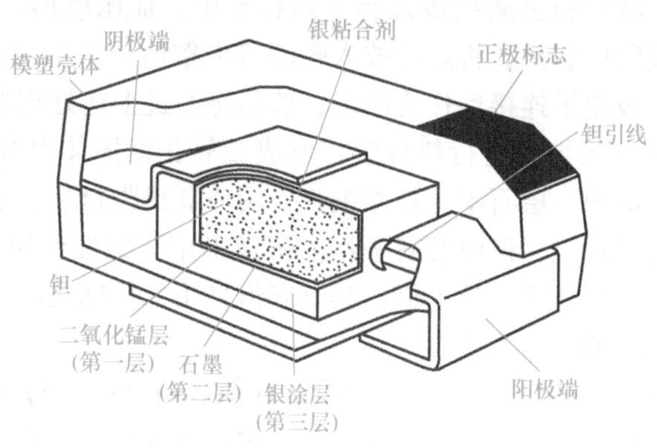

图 2-20 烧结型固体电解质片状钽电容的内部结构图

钽电解电容的工作介质是在钽金属表面生成的一层极薄的五氧化二钽膜。此层氧化膜介质与组成电容的一个端极结合成整体，不能单独存在，因此单位体积内所具有的电容量特别大，即比容量非常高，所以特别适宜小型化。在钽电解电容工作过程中，具有自动修补或隔绝氧化膜中疵点的性能，使氧化膜介质随时得到加固和恢复其应有的绝缘能力，而不致遭到连续的累积性破坏。这种独特的自愈性能，保证了其长寿命和可靠性的优势。

按照外形，钽电解电容可以分为片状矩形和圆柱形。按照封装方式，钽电解电容可以分为裸片型、模塑封装型和端帽型，如图 2-21 所示。

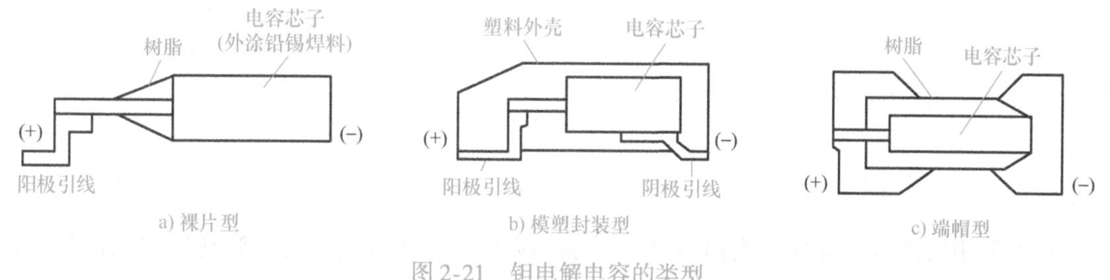

图 2-21 钽电解电容的类型

1）裸片型钽电解电容无封装外壳，吸嘴无法吸取，故贴片机无法贴装，一般用于手工贴装，其尺寸小、成本低，但对恶劣环境的适应性差。对于裸片型钽电解电容来说，有引线的一端为正极。

2）模塑封装型钽电解电容即常见的矩形钽电解电容，多数为浅黄色塑料封装，其单位体积电容小、成本高、尺寸较大，可用于自动化生产中。该类型电容的阴极和阳极与框架引脚的连接会导致热应力过大，对机械强度影响较大，广泛应用于通信类电子产品中。对于模塑封装型钽电解电容来说，靠近深色标记线的一端为正极。

3）端帽型钽电解电容也称树脂封装型钽电解电容，主体为黑色树脂封装，两端有金属帽电极。它的体积中等，成本较高，高频性能好，机械强度高，适合自动贴装，常用于如计算机、半导体工艺设备等复杂电子产品中。对于端帽型钽电解电容来说，靠近白色标记线的一端为正极。端帽型钽电解电容尺寸范围：宽度1.27～3.81mm，长度2.54～7.239mm，高度1.27～2.794mm。电容量范围为0.1～100μF，直流工作电压范围为4～25V。

4）圆柱形钽电解电容由阳极、固体半导体阴极组成，采用环氧树脂封装。该电容的制作方法：将作为阳极引脚的钽金属线放入钽金属粉末中，加压成形，然后在1650～2000℃的高温真空炉中烧结成阳极芯片，将芯片放入磷酸等电解质中进行阳极氧化，形成介质膜，将钽金属线与非磁性阳极端子连接后作为阳极；然后将经过上述处理的芯片浸入硝酸锰等溶液中，在200～400℃的气浴炉中进行热分解，形成二氧化锰固体电介质膜并作为阴极。成膜后，在二氧化锰层上沉积一层石墨，再涂银浆，用环氧树脂封装，最后打上标志。从圆柱形钽电解电容的结构可以看出，该电容有极性。阳极采用非磁性金属，阴极采用磁性金属，所以，通常可根据磁性来判断正、负电极。其电容值采用色环标注法。

（3）表面组装云母电容　表面组装云母电容采用天然云母作为电解质，做成矩形片状，如图2-22所示。由于它具有耐热性好、损耗低、Q值和精度高、易做成小电容等特点，特别适合在高频电路中使用，近年来已在无线通信、硬盘系统中大量使用。

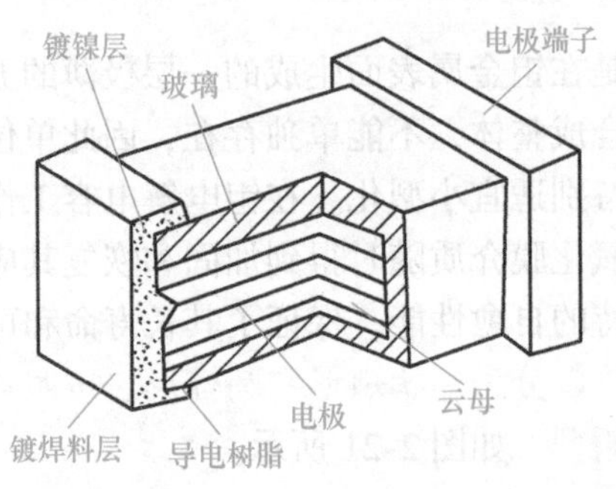

图2-22　片状云母电容的结构

2.3.2　电容的检测

1. 贴片电容的检测方法

对于万用表而言，即使是有电容测量功能的数字万用表也无法对引脚比较短的贴片电容的容量进行检测，因此只能使用万用表的电阻档对其进行粗略测量。即使如此，测量的结果仍具有一定的说服力。

1）首先用毛刷将待检测的无极性贴片电容清洁干净。

2）选择数字万用表的二极管档，并将红表笔插在万用表的V/Ω孔，黑表笔插在万用表的COM孔。

3）为提高检测的准确度，用一个镊子夹住待测电容的两极进行放电。

4）将红黑表笔分别接在电容的两极（对于无极性的电容，两表笔接法上没有要求；如果是极性电容，需将红表笔接正极，黑表笔接负极）测量一次，交换表笔再测一次。记录两次测试读数的变化。

结论：在两次测量的过程中，如果数字万用表均先有一个闪动的数值，而后变为“1.”（即阻值为无穷大），则该电容基本正常。如果用上述方法检测，万用表始终显示一个固定的数值，则说明电容存在漏电现象；如果万用表始终显示“000”，则说明电容内部发生短路；如果始终显示“1.”（不存在闪动数值，直接为“1.”），则说明电容内部极间已发生断路。

2. 贴片排电容的检测方法

首先要了解贴片排电容的内部结构，如图2-23所示，即贴片排电容是由多个贴片电容构成的。

了解了贴片排电容的结构后，我们就知道应该如何对其进行检测了。对贴片排电容的要求是，如果贴片排电容一对引脚间出现了问题，则整个贴片排电容就无法继续使用了。

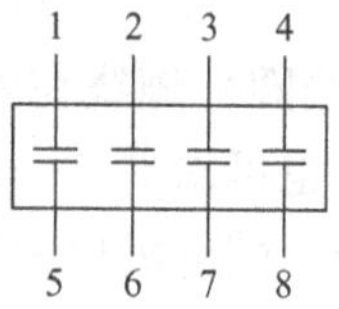

1　2　3　4

5　6　7　8

图2-23　贴片排电容的内部结构

贴片排电容的检测步骤如下：

1）先对待测贴片排电容进行清洁。

2）选择数字万用表的二极管档，并将红表笔插在万用表的V/Ω孔，黑表笔插在万用表的COM孔。

3）用镊子分别夹住四对引脚对其进行放电。

4）将红黑表笔分别接在贴片排电容的第一对引脚，没有极性限制，然后交换表笔再测一次。

结论：正常情况下，在两次测量的过程中，数字万用表均先有一个闪动的数值，而后变为“1.”（即阻值为无穷大）。如果用上述方法检测，万用表始终显示一个固定的数值，则说明电容存在漏电现象；如果万用表始终显示“000”，则说明电容内部发生短路；如果始终显示“1.”（不存在闪动数值，直接为“1.”），则说明电容内部极间已发生断路。用此方法对剩下的三对引脚进行测量，看其是否正常，如果都正常，则说明该排电容基本正常。

2.4　表面组装电感

2.4.1　电感的封装和读数

表面组装电感是继表面组装电阻、表面组装电容之后迅速发展起来的一种新型无源元件。表面组装电感除了与传统的插装电感有相同的扼流、退耦、滤波、调谐、延迟、补偿等功能外，还特别在*LC*调谐器、*LC*滤波器、*LC*延迟线等多功能器件中体现了独到的优越性。

由于电感受线圈制约，片式化比较困难，故其片式化晚于电阻和电容，其片式化率也低。尽管如此，电感的片式化仍取得了很大的进展，不仅种类繁多，而且相当多的产品已经系列化、标准化，并已批量生产。表面组装电感的种类很多，按外形可分为矩形和圆柱形；按结构和制造工艺可分为绕线型、多层型、固态型等，表面组装电感的常见类型见表2-15。

目前用量较大的主要有绕线型表面组装电感和多层型表面组装电感。

表 2-15　表面组装电感的常见类型

类　型	形　状	种　类
固定电感	矩形	绕线型、多层型、固态型
	圆柱形	绕线型、卷绕印刷型、多层卷绕型
可调电感	矩形	绕线型（可调线圈、中频变压器）
LC 复合元件	矩形	*LC* 滤波器、*LC* 调谐器、中频变压器、*LC* 延迟线
	圆柱形	*LC* 滤波器、陷波器
特殊产品	*LC*、*LRC*、*LR* 网络	

1. 绕线型表面组装电感

绕线型表面组装电感实际上是由传统的卧式绕线电感稍加改进而成的。制造时将导线（线圈）缠绕在磁心上。小电感时用陶瓷作为磁心，大电感时用铁氧体作为磁心，线圈可垂直也可水平。一般垂直线圈的尺寸最小，水平线圈的电性能要稍好些，绕线后再加上端电极。端电极也称外部端子，它取代了传统的插装式电感的引线，以便表面组装。绕线型表面组装电感的实物外观如图 2-24 所示。

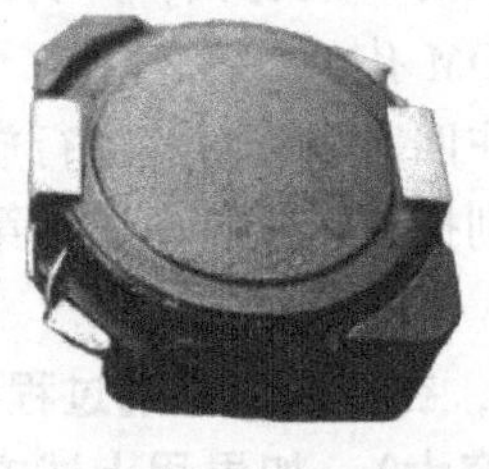

图 2-24　绕线型表面组装电感的实物外观

对绕线型表面组装电感来说，由于所用磁心不同，故结构上也有多种形式。

(1) 工字形结构　这种结构的电感是在工字形磁心上绕线制成的。

(2) 槽形结构　这种结构的电感是在磁性体的沟槽上绕线制成的。

(3) 棒形结构　这种结构的电感与传统的卧式棒形电感基本相同，它是在棒形磁心上绕线而成的。只是它用适合表面组装用的端电极代替了插装用的引线。

(4) 腔体结构　这种结构的电感把绕好的线圈放在磁性腔体内，再加上磁性盖板和端电极而成。

2. 多层型表面组装电感

多层型表面组装电感也称多层型片式电感（MLCI），它的结构和多层型陶瓷电容相似，制造时由铁氧体浆料和导电浆料交替印刷叠层后，经高温烧结形成具有闭合磁路的整体。导电浆料经烧结后形成的螺旋式导电带，相当于传统电感的线圈，被导电带包围的铁氧体相当于磁心，导电带外围的铁氧体使磁路闭合。与绕线型表面组装电感相比，多层型表面组装电

感具有许多优点：尺寸小，有利于电路的小型化；线圈密封在铁氧体中并作为整体结构，可靠性高；磁路闭合，磁通量泄漏很少，不干扰周围的元器件，也不易受邻近元器件的干扰，适宜高密度安装；耐热性和可焊性好；形状规则，适用于自动化表面安装生产。多层型表面组装电感的外观与结构如图 2-25 所示。

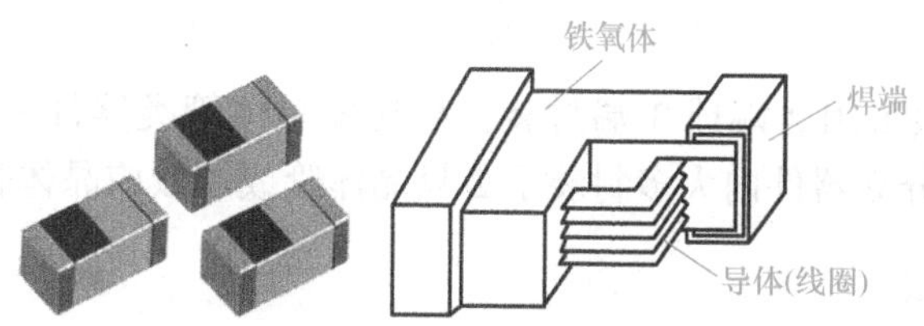

图 2-25　多层型表面组装电感的外观与结构

2.4.2　电感的检测

贴片电感，一般都是由线圈和磁心组成的，我们一般看到的都是封闭式的，无法看出贴片电感的好坏。通常都认为贴片电感是不会坏的，但如果使用不当，会很容易造成损坏。下面介绍检测贴片电感好坏的方法。

首先需要在贴片电感上面做出标注。做标注的方法有两种：一种是直标法，另一种是色标法。直标法：在电感线圈的外壳上直接用数字和文字标出电感线圈的电感量、允许误差及最大工作电流等主要参数。色标法：用色环表示电感量，单位为 mH，第一、二位表示有效数字，第三位表示倍率，第四位表示允许偏差。

接着需要一台万用表，将万用表置于蜂鸣二极管档，把表笔放在贴片电感两端，观察万用表的读数：正常贴片电感的读数应该为零，若万用表的读数偏大或无穷大，则表示贴片电感已经损坏；由于电感线圈匝数较多，线径较细的线圈数读数会达到几十或者几千，通常情况下线圈的直流电阻只有几欧姆。电感损坏还表现为发烫或电感磁环明显损坏，若电感线圈损坏不是很严重，而又无法确定时，可用电感表测量其电感量或用替换法来判断。

贴片电感的使用建议如下：

1）磁心与线圈容易因温升效果产生电感量变化，需注意其本体温度必须在使用规格范围内。

2）线圈在电流通过后会形成电磁场，因此应注意电感之间的距离，可以使线圈轴线互成直角，减少相互间的感应量。

3）贴片电感的电感值需要采用专业的电感测试仪进行测量。

2.5　表面组装器件

2.5.1　表面组装分立器件

表面组装分立器件包括各种分立半导体器件，有二极管、晶体管、场效应晶体管，也有由 2、3 只晶体管、二极管组成的简单复合电路。典型表面组装分立器件的外形如图 2-26 所示，电极引脚数为 2～6 个。

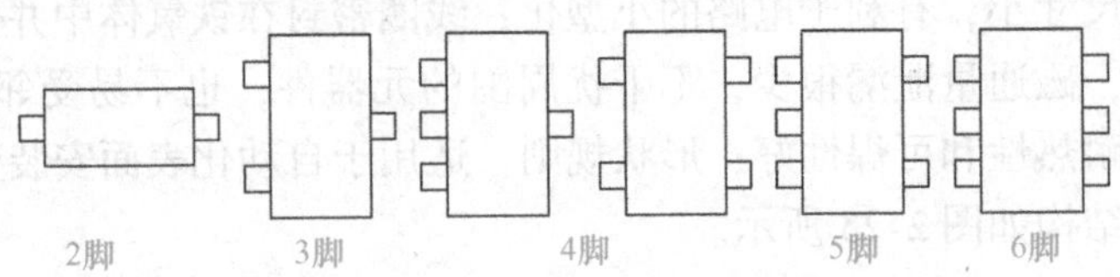

图 2-26　典型表面组装分立器件的外形

二极管类器件一般采用 2 端或 3 端封装，小功率晶体管类器件一般采用 3 端或 4 端封装，4 ~ 6 端表面组装分立器件内大多封装了 2 只晶体管或场效应晶体管。

1. 表面组装二极管

表面组装二极管是一种单向导电性器件：正向导通，反向截止。其有四种封装形式：圆柱形的无引脚二极管、片状二极管、片式塑封复合二极管、片状发光二极管。圆柱形的无引脚玻璃封装二极管是将管芯封装在细玻璃管内，两端以金属帽为电极，如图 2-27 所示。常见的有稳压、开关和通用二极管，功耗一般为 0.5 ~ 1W。外形尺寸有 ϕ1.5mm × 3.5mm 和 ϕ2.7mm × 5.2mm 两种。片状二极管一般为塑料封装矩形薄片，外形尺寸为 3.8mm × 1.5mm × 1.1mm，采用塑料编带包装。

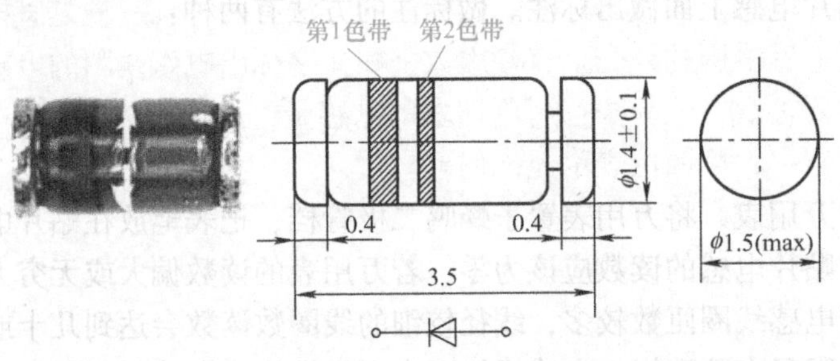

图 2-27　圆柱形无引脚玻璃封装二极管

片式塑封复合二极管一般是指在一个封装内，包含有 2 个以上的二极管，以满足不同的电路工作要求，其常见的封装形式有 SOT - 23、SOT - 89 等，其中，SOT - 23 封装的二极管如图 2-28 所示。片状发光二极管（片状 LED）是一种新型表面贴装式半导体发光器件，具有体积小、散射角大、发光均匀性好、可靠性高等优点，且发光颜色丰富多样，广泛用在各种电子产品中。

2. 表面组装晶体管

表面组装晶体管采用带有翼形短引线的塑料封装，即 SOT 封装。SOT 封装可分为 SOT - 23、SOT - 89、SOT - 143、SOT - 252 几种封装结构，产品有小功率晶体管、大功率晶体管、场效应晶体管和高频晶体管几个系列。其中，SOT - 23 是通用的表面组装晶体管，SOT - 23 有 3 只翼形引脚。几种 SOT 晶体管外观如图 2-29 所示。

SOT - 89 适用于较高功率的场合，它的 e、b、c 3 个电极从晶体管的同一侧引出，晶体管底面有金属散热片与集电极相连，晶体管芯片粘接在较大的铜片上，以利于散热。

SOT - 143 有 4 只翼形短引脚，对称地分布在长边的两侧，引脚中宽度偏大一点的是集

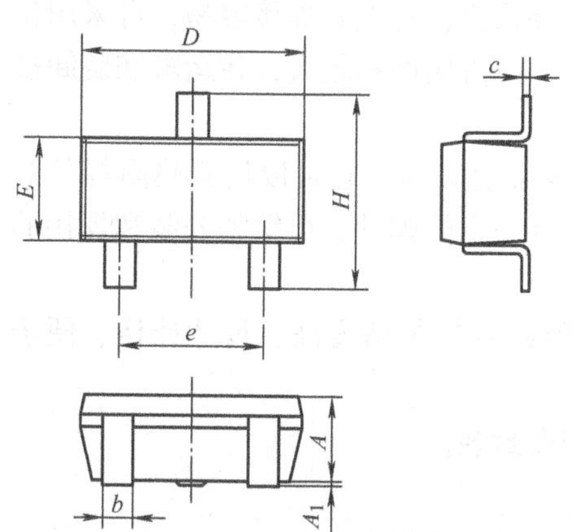

符号	尺寸/mm			尺寸/in		
	最小	标准	最大	最小	标准	最大
A	1.05	1.15	1.35	0.041	0.045	0.053
A_1	—	0.05	0.10	—	0.002	0.004
b	0.35	0.40	0.55	0.014	0.016	0.022
c	0.08	0.10	0.20	0.003	0.004	0.008
D	2.70	2.90	3.10	0.106	0.114	0.122
E	1.20	1.35	1.50	0.047	0.053	0.059
e	1.70	1.90	2.10	0.067	0.075	0.083
H	2.35	2.55	2.75	0.093	0.100	0.108

图 2-28　SOT－23 封装的二极管

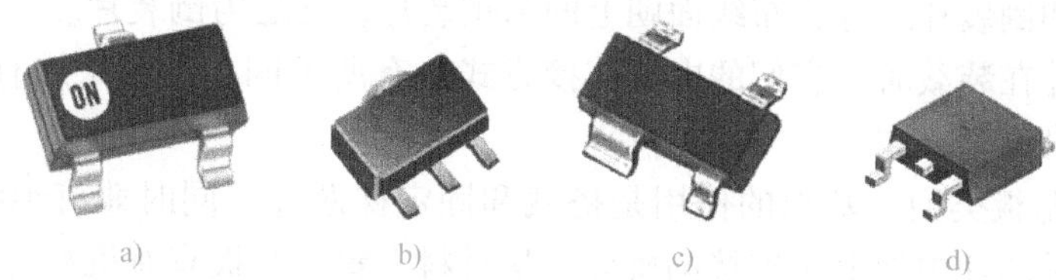

图 2-29　几种 SOT 晶体管外观

电极，双栅场效应晶体管及高频晶体管常用此类封装。

SOT－252 封装的功耗可达 2～50W，2 只连在一起的引脚或与散热片连接的引脚是集电极。

表面组装分立器件封装类型及产品，到目前为止已有 3000 多种，各厂商产品的电极引出方式略有差别，在选用时必须查阅相关手册资料。但产品的极性排列和引脚距基本相同，具有互换性。电极引脚数目较少的表面组装分立器件一般采用盘状纸编带包装。

2.5.2　表面组装集成电路

1. SMD 封装综述

衡量集成电路制造技术的先进性，除了集成度（门数、最大 I/O 数量）、电路技术、特征尺寸、电气性能（时钟频率、工作电压、功耗）外，还有集成电路的封装。

所谓集成电路的封装，是指安装半导体集成电路芯片用的外壳，它不仅起着安放、固定、密封、保护芯片和增强电热性能的作用，而且还是沟通芯片内部与外部电路的桥梁——芯片上的接点用导线连接到封装外壳的引脚上，这些引脚又通过 PCB 上的导线与其他元器件建立连接。因此，封装对于集成电路起着重要的作用，新一代大规模集成电路的出现，常常伴随着新型封装形式的应用。

（1）电极形式　表面组装器件的 I/O 电极有两种形式：无引脚和有引脚。无引脚形式有 LCCC、PQFN 等，有引脚器件的引脚形状有翼形、钩形（J 形）和球形三种。翼形引脚用于 SOT/SOP/QFP 封装，钩形（J 形）引脚用于 SOJ/PLCC 封装，球形引脚用于 BGA/CSP/Flip Chip 封装。

翼形引脚的特点：符合引脚薄而窄以及小间距的发展趋势，特点是焊接容易，可采用包括热阻焊在内的各种焊接工艺进行焊接，工艺检测方便，但占用面积较大，在运输和装卸过程中容易损坏引脚。

钩形引脚的特点：引线呈“J”形，空间利用率比翼形引脚高，它可以用除热阻焊外的大部分再流焊进行焊接，比翼形引脚坚固。由于引脚具有一定的弹性，可缓解安装和焊接的应力，防止焊点断裂。

（2）封装材料　金属封装：金属材料可以冲压，因此有封装精度高、尺寸严格、便于大量生产、价格低廉等优点。

陶瓷封装：陶瓷材料的电气性能优良，适用于高密度封装。

金属-陶瓷封装：兼有金属封装和陶瓷封装的优点。

塑料封装：塑料的可塑性强、成本低廉、工艺简单，适合大批量生产。

（3）芯片的装载方式　裸芯片在装载时，有电极的一面可以朝上也可以朝下，因此，芯片就有正装片和倒装片之分，布线面朝上的为正装片，反之为倒装片。

另外，裸芯片在装载时，它们的电气连接方式也有所不同，有的采用有引脚键合方式，有的则采用无引脚键合方式。

（4）芯片的基板类型　基板的作用是搭载和固定裸芯片，同时兼有绝缘、导热、隔离及保护作用，它是芯片内外电路连接的桥梁。从材料上看，基板有有机和无机之分；从结构上看，基板有单层、双层、多层和复合之分。

（5）封装比　评价集成电路封装技术的优劣，一个重要指标是封装比，即

封装比＝芯片面积÷封装面积

这个比值越接近1越好。芯片面积一般很小，而封装面积则受到引脚间距的限制，难以进一步缩小。

集成电路的封装技术已经历经好几代变迁，从SOP、QFP、PGA和CSP，再到MCM，芯片的封装比越来越接近1，引脚数目增多，引脚间距减小，芯片重量减小，功耗降低，技术指标、工作频率、耐温性能、可靠性和实用性都取得了巨大的进步。

图2-30所示为常用半导体器件的封装形式及特点。

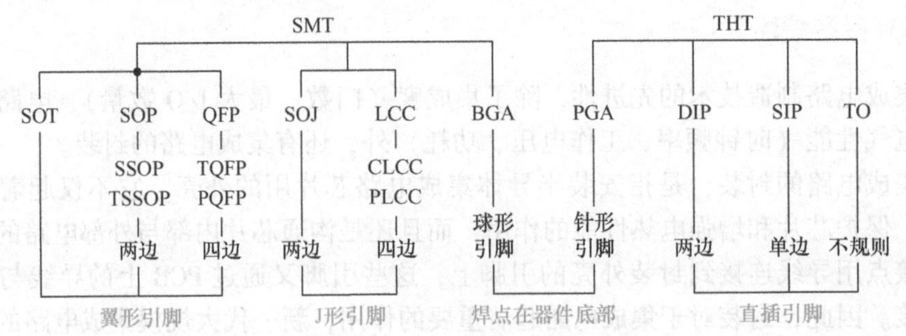

图2-30　常用半导体器件的封装形式及特点

2. 集成电路的封装形式

（1）SO封装　引线比较少的小规模集成电路大多采用这种小型封装。SO封装又分为

几种：芯片宽度小于0.15in，电极引脚数目比较少的（一般为8~40脚），称为SOP封装；芯片宽度大于0.25in，电极引脚数目在44脚以上的，称为SOL封装；芯片宽度大于0.6in，电极引脚数目在44脚以上的，称为SOW封装。有些SOP封装采用小型化或薄型化封装，分别称为SSOP封装和TSOP封装。大多数SO封装的引脚采用翼形电极，也有一些存储器采用J形电极（称为SOJ），SO封装的引脚间距有1.27mm、1.0mm、0.8mm、0.65mm和0.5mm几种。图2-31所示为SOP的翼形引脚和J形引脚封装结构。

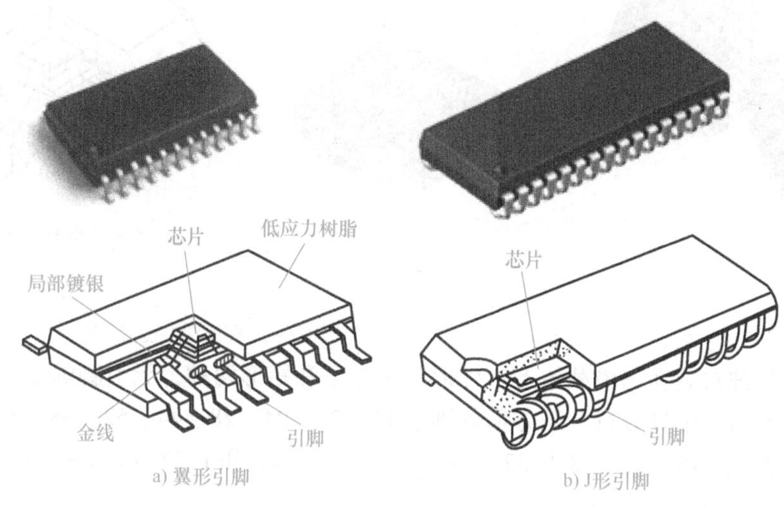

图2-31　SOP的翼形引脚和J形引脚封装结构

（2）QFP封装　QFP为四侧引脚扁平封装，引脚从四个侧面引出呈翼形（L形）。基材有陶瓷、金属和塑料三种，塑料封装占绝大部分。当没有特别说明封装材料时，多数情况为塑料QFP封装。引脚中心距有1.0mm、0.8mm、0.65mm、0.5mm、0.4mm和0.3mm等多种规格，引脚间距最小极限是0.3mm，最大是1.27mm。0.65mm中心距规格中最多引脚数为304个。

为了防止引脚变形，现已出现了几种改进的QFP品种。如封装的四个角带有树脂缓冲垫（角耳）的BQFP，它是在封装本体的四个角设置突起，以防止引脚在运送或操作过程中发生弯曲变形。图2-32所示为常见的QFP封装的集成电路。

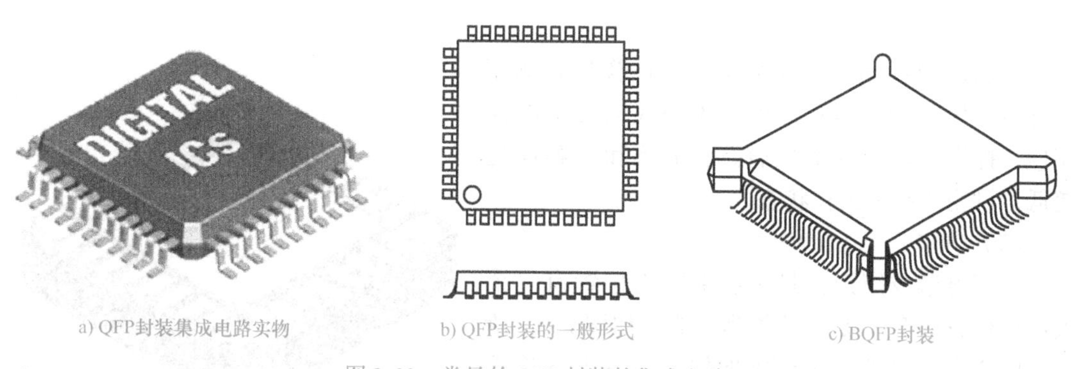

图2-32　常见的QFP封装的集成电路

（3）PLCC封装　PLCC封装是指集成电路的有引脚塑封芯片载体封装，它的引脚向内钩回，称为钩形（J形）电极，电极引脚数目为16～84个，间距为1.27mm，其外观与封装结构如图2-33所示。PLCC封装的集成电路大多是可编程的存储器，芯片可以安装在专用的插座上，容易取下来对其中的数据进行改写。

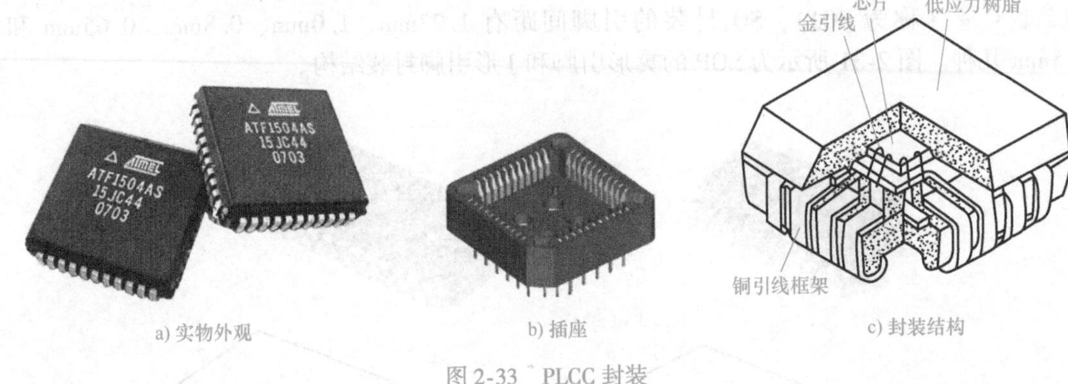

a) 实物外观　　b) 插座　　c) 封装结构

图2-33　PLCC封装

（4）LCCC封装　LCCC封装是指陶瓷芯片载体封装的表面组装集成电路中没有引脚的一种封装。芯片被封装在陶瓷载体上，外形有正方形和矩形两种，无引脚的电极焊端排列在封装底面上的四边，电极数目：正方形分别为16、20、24、28、44、52、68、84、100、124和156，矩形分别为18、22、28和32。引脚间距有1.0mm和1.27mm两种。图2-34所示为LCCC封装集成电路的结构和外观。

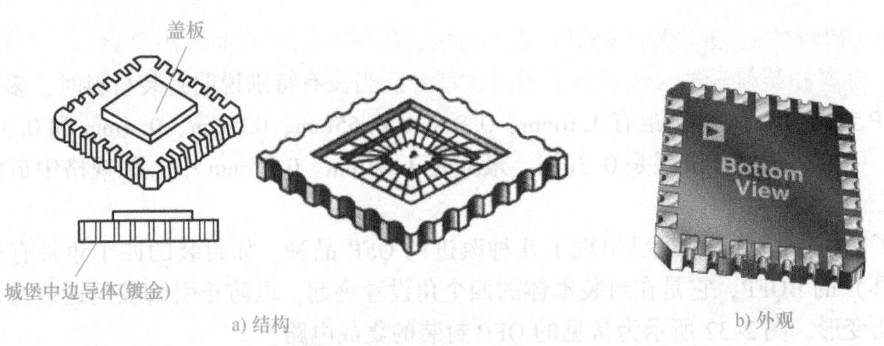

a) 结构　　b) 外观

图2-34　LCCC封装集成电路的结构和外观

LCCC封装引出端子的特点是在陶瓷外壳侧面有类似城堡状的金属化凹槽与外壳底面镀金电极相连，提供了较短的信号通路，电感和电容损耗较低，可用于高频工作状态。

（5）PQFN封装　PQFN封装是一种无引脚封装，呈正方形或矩形，封装底部中央位置有一个大面积裸露焊盘，提高了散热性能，如图2-35所示。围绕大焊盘的封装外围四周有实现电气连接的导电焊盘。由于PQFN封装不像SOP、QFP等具有翼形引脚，其内部引脚与焊盘之间的导电路径

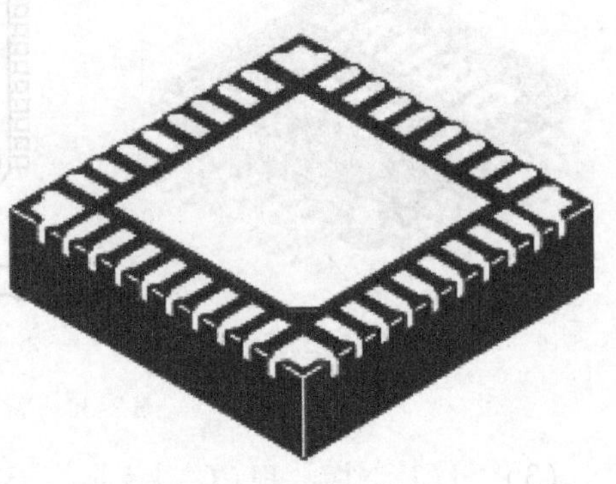

图2-35　PQFN封装

短，自感系数及封装体内的布线电阻很低，所以它能提供良好的电性能。PQFN 封装非常适合应用在手机、数码相机、PDA、DV、智能卡及其他便携式电子设备等高密度产品中。

（6）BGA 封装　BGA 封装即球栅阵列封装，是将原 PLCC/QFP 封装的 J 形或翼形电极引脚，改变成球形引脚。把从器件本体四周“单线性”顺序引出的电极，变成本体底面之下“全平面”式的格栅阵排列，如图 2-36 所示。这样，既可以疏散引脚间距，又能够增加引脚数目。焊球阵列在器件底面可以呈完全分布或部分分布。

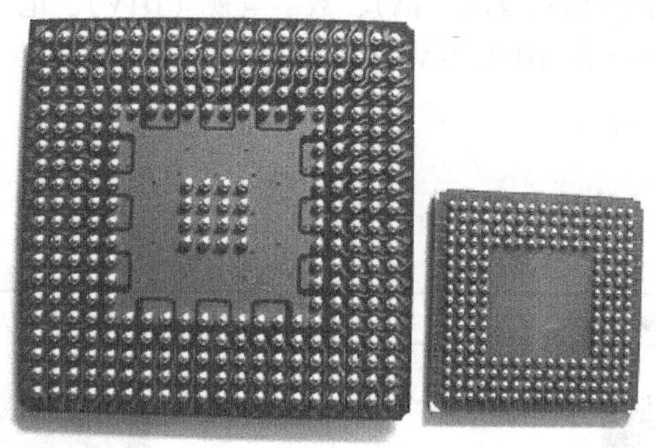

图 2-36　BGA 封装的集成电路

1）BGA 方式能够显著地缩小芯片的封装表面积。假设某个大规模集成电路有 400 个 I/O 电极引脚，同样取引脚的间距为 1.27mm，则正方形 QFP 芯片每边 100 条引脚，边长至少达到 127mm，芯片的表面积要在 160 cm^2以上。而正方形 BGA 芯片的电极引脚以 20×20 的行列均匀排布在芯片的下面，边长只需 25.4mm，芯片的表面积还不到 7cm^2。可见，相同功能的大规模集成电路，BGA 封装的尺寸比 QFP 封装要小得多，有利于在 PCB 上提高装配的密度。

2）从装配焊接的角度看，BGA 芯片的贴装公差为 0.3mm，比 QFP 芯片的贴装精度要求 0.08mm 低得多。这就使 BGA 芯片的贴装可靠性显著提高，工艺失误率大幅度下降，用普通多功能贴片机和再流焊设备就能基本满足组装要求。

3）采用 BGA 芯片使产品的平均电路长度缩短，改善了电路的频率响应和其他电气性能。

4）用再流焊设备焊接时，锡球的高度表面张力导致芯片的自校准效应（也叫“自对中”或“自定位”效应），提高了装配焊接的质量。

正因为 BGA 封装有比较明显的优越性，所以大规模集成电路的 BGA 品种也在迅速多样化。现在已经出现了很多种形式，如陶瓷 BGA（CBGA）、塑料 BGA（PBGA）及微型 BGA（Micro－BGA、μBGA 或 CSP）等，前两者的主要区分在于封装的基底材料，如 CBGA 采用陶瓷，PBGA 采用 BT 树脂。而后者是指那些封装尺寸与芯片尺寸比较接近的微型集成电路。目前可以见到的一般 BGA 芯片，焊球间距有 1.27mm、1.5mm 和 10mm 三种。

（7）CSP 封装　CSP 封装（芯片尺寸级封装）。是 BGA 进一步微型化的产物，做到了裸芯片尺寸有多大，封装尺寸就有多大，即封装后的 IC 尺寸边长不大于芯片长度的 1.2 倍，IC 面积不超过晶粒面积的 1.4 倍。CSP 封装可以让芯片面积与封装面积之比超过 1∶1.14，已经非常接近于 1∶1 的理想情况。

在相同的芯片面积下，CSP 封装所能达到的引脚数明显要比 TSOP 封装、BGA 封装引脚数多得多。TSOP 封装最多为 304 只引脚，BGA 封装的引脚极限能达到 600 只，而 CSP 封装理论上可以达到 1000 只。由于如此高度集成的特性，芯片到引脚的距离大大缩短了，电路的阻抗显著减小，信号的衰减和干扰大幅降低。CSP 封装也非常薄，金属基板到散热体的最有效散热路径仅有 0.2mm，提升了芯片的散热能力。

目前的 CSP 封装主要用于少 I/O 端数集成电路的封装，如计算机内存条和便携式电子产品。未来则将大量应用在信息家电（IA）、数字电视（DTV）、电子书（E－Book）、无线网络 WLAN/GigabitEthemet 和 ADSL 等新兴产品中。

3. IC 第一引脚的辨认方法

IC 第一引脚的辨认方法见表 2-16。

表 2-16　IC 第一引脚的辨认方法

（1）IC 有缺口标志	（2）以圆点作为标志
24　13 OB36　型号 HC08　厂标 1　12	24　13 OB36　型号 HC08　厂标 1　12
（3）以横杠作为标志	（4）以文字作为标志 （正看 IC，下排引脚的左边第一个脚为“1”）
24　13 OB36　型号 HC08　厂标 1　12	24　13 T93151—1　型号 HC02A　厂标 1　12

2.6　表面组装元器件的包装与选择使用

2.6.1　表面组装元器件的包装

表面组装元器件的包装有散装、编带包装、管式包装和托盘包装四种类型。

1. 散装

无引脚且无极性的表面组装元器件可以散装，例如一般矩形、圆柱形电容和电阻。散装的元器件成本低，但不利于自动化设备的拾取和贴装。

2. 编带包装

编带包装适用于除大尺寸 QFP、PLCC、LCCC 芯片以外的其他元器件，其包装材料有纸质编带、塑料编带和粘接式编带三种。

（1）纸质编带　纸质编带由底带、载带、盖带及带盘（绕纸盘）组成。载带上圆形小孔为定位孔，以供送料器上齿轮驱动；矩形孔为承料腔，用来放置元器件，如图2-37所示。

用纸质编带进行元器件包装时，要求元器件厚度与纸带厚度相差不大，纸质编带不能太厚，否则送料器无法驱动，因此，纸质编带主要用于包装0805规格（含）以下的片状电阻、片状电容（有少数例外）。纸质编带一般宽8mm，包装元器件后盘绕在塑料绕纸盘（带盘）上。

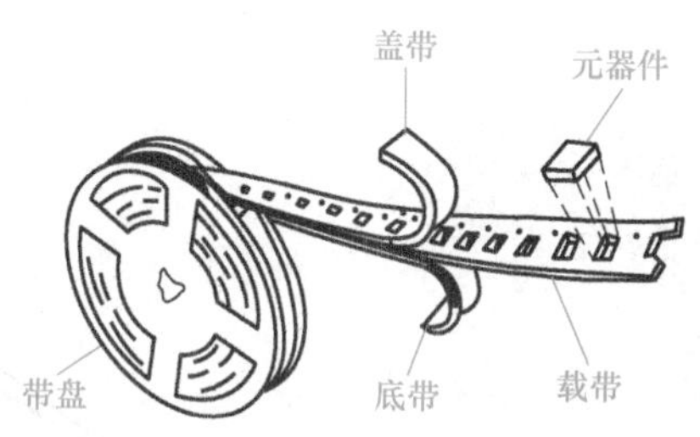

图2-37　纸质编带

（2）塑料编带　塑料编带与纸质编带的结构尺寸大致相同，所不同的是料盒呈凸形，如图2-38所示。塑料编带包装的元器件种类很多，有各种无引脚元器件、复合元器件、异形元器件、SOT晶体管、引脚少的SOP/QFP集成电路等。

纸质编带和塑料编带的一边有一排定位孔，用于贴片机在拾取元器件时引导编带前进并定位。定位孔的孔距为4mm（小于0402系列的元器件的编带孔距为2mm）。在编带上的元器件间距依元器件的长度而定，一般为4mm的倍数。编带的尺寸标准见表2-17。

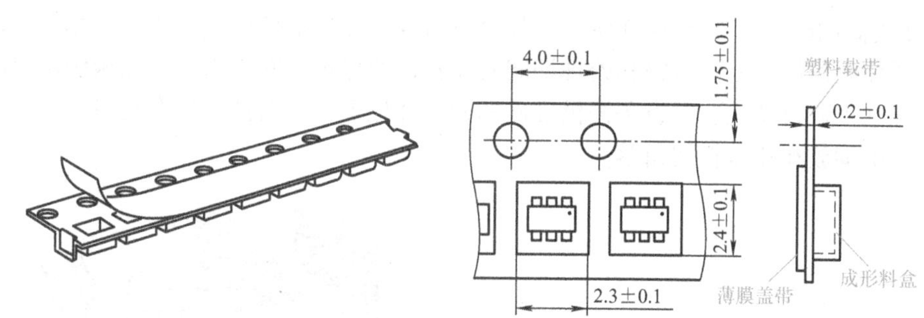

图2-38　塑料编带的结构与尺寸

表2-17　表面组装元器件包装编带的尺寸标准

编带宽度/mm	8	12	16	24	32	44	56
元器件间距（4的倍数）/mm	2、4	4、8	4、8、12	12、16、20、24	16、20、24、28、32	24、28、32、36、40、44	40、44、48、52、56

编带包装的料盘由聚苯乙烯材料制成，由1~3个部件组成，其颜色为蓝色、黑色、白色或透明，通常是可以回收使用的。

（3）粘接式编带　粘接式编带的底面为胶带，IC贴在胶带上，且为双排驱动。贴片时，送料器上有下剥料装置。粘接式编带主要用来包装尺寸较大的片式元器件，如SOP、片式电阻网络、延迟线等。

3. 管式包装

管式包装（简称管装）主要用于SOP、SOJ、PLCC集成电路，PLCC插座和异形元器件等。包装管（也称料条）由透明或半透明的聚乙烯（PVC）材料制成，挤压成满足要求的标准外形，如图2-39所示。管式包装的每管零件数从数十个到近百个不等，管中组件方向具有一致性，不可装反。从整机产品的生产类型看，管式包装适合于品种多、批量小的产品。

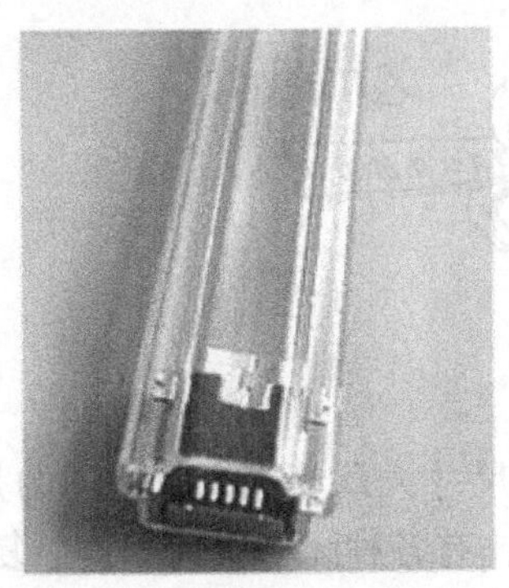
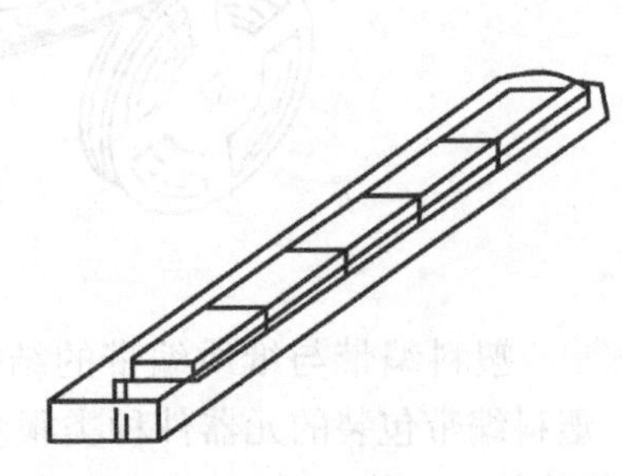

图2-39　管式包装

4. 托盘包装

托盘（华夫盘）由碳粉或纤维材料制成，用于要求暴露在高温下的元器件托盘通常具有150℃或更高的耐温，如图2-40所示。托盘铸塑成矩形标准外形，包含统一相间的凹穴矩阵。凹穴托住元器件，提供运输和处理期间对元器件的保护。间隔为在电路板装配过程中用于贴装的标准工业自动化装配设备提供准确的元器件位置。元器件安排在托盘内，标准的方向是将第一引脚放在托盘斜切角落。

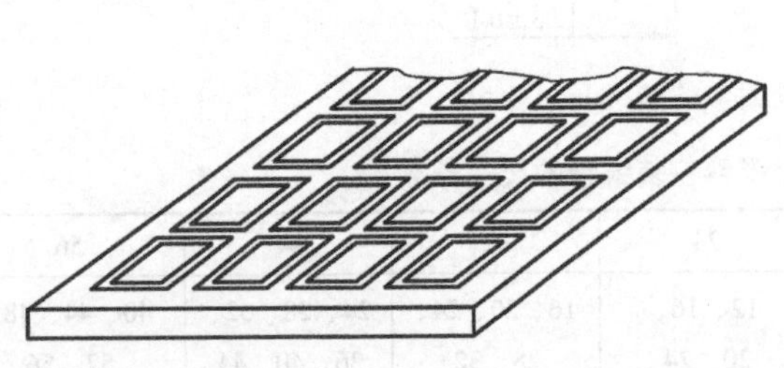

图2-40　托盘

托盘包装主要用于QFP、小间距SOP、PLCC、BCA集成电路等器件。

2.6.2　贴片元器件的符号归类

贴片元器件的符号归类见表2-18。

表 2-18　贴片元器件的符号归类①

贴片元器件	贴片元器件符号	极　性
电阻	R	无
电容	C	有些有
变压器	T	有
熔丝	F	无
开关	S 或 SW	有
测试点	TP	无
稳压器	CW	有
二极管	D	有
晶体管	VT	有
继电器	K	有
变阻器，电位器	RP	无
电感	L	有些有
导电条	E	无
热敏电阻	RT	无
晶体	Y、OS 或 X	无
集成电路	U	有
电阻网络	RN	有
发光二极管	LED 或 DS	有
混合电路	A	有

① 由于厂家生产原因，部分贴片元器件符号与国标不同。

2.6.3　贴片元器件料盘的读法

贴片元器件料盘的读法见表 2-19。

表 2-19　贴片元器件料盘的读法

料盘标签上的英文符号	英文符号的含义
TYPE	组件规格
LOT	生产批次
QTY	每包装数量
P/O NO	订单号码
DESC	描述
L/N	生产批次
USE P/N	件料号
DEL DATE	生产日期

例如，某料盘上的标签如图 2-41 所示。

0603 Y5V 100nF–20+80% 25V BTSB

0603F104Z250NT 1302012811 4000

–13000008–060802204113–113 1252001263 050

图 2-41　某料盘上的标签

标准标签识读如下：

第一行：0603 Y5V 100nF－20＋80% 25V——料号描述。

BTSB——标签四码，即 16 码料号的最后四码。

第二行：0603F104Z250NT——14 码料号。

1302012811——工单号，即 TAP 批号。

4000——数量，单位为 PCS。

第三行：条形码，扫描内容为料号、批号及数量。

第四行：13000008——打印标签作业员 ID 号。

060802204113——标签打印时间，此处表示 2002 年 6 月 8 日 20 时 41 分 13 秒打印。标签打印时间以两码为单位，依次表示为月/日/年/时/分/秒。

113——此次打印标签总张数。

1252001263——生产批号。

050——总张中的第几张。

2.6.4　表面组装元器件的选择与使用

1. 对表面组装元器件的基本要求

表面组装元器件应该满足以下基本要求。

（1）装配适应性　要适应各种装配设备操作和工艺流程。

1）表面组装元器件在焊接前要用贴片机贴装到电路板上，所以，元器件的上表面应该适于贴片机真空吸嘴的拾取。

2）表面组装元器件的下表面（不包括焊端）应保留使用胶粘剂的空间。

3）尺寸、形状应该标准化，并具有良好的尺寸精度和互换性。

4）包装形式适应贴片机的自动贴装，并能够保护元器件在搬运过程中免受外力影响，保持引脚的平整。

5）具有一定的机械强度，能承受贴装应力和电路基板的弯曲应力。

（2）焊接适应性　要适应各种焊接设备及相关工艺流程。

1）元器件的焊端或引脚的共面性好，满足贴装、焊接要求。

2）元器件的材料、封装耐高温性能好，适应焊接条件：

① 再流焊：(235 ±5)℃，焊接时间为（5 ±0.2）s；

② 波峰焊：(250 ±5)℃，焊接时间为（4 ±0.5）s。

3）可以承受焊接后采用有机溶剂进行清洗，封装材料及表面标志不能被溶解。

2. 表面组装元器件的选择

表面组装元器件的选择，应该根据系统和电路的要求，综合考虑市场供应商所能提供的产品规格、性能和价格等因素。

1）选择元器件时要注意贴片机的贴装精度水平。

2）钽和铝电解电容主要用于电容量大的场合。铝电解电容的电容量大、耐压高且价格比较便宜，但引脚在底座下面，焊接的可靠性不如矩形封装的钽电解电容。

3）集成电路的引脚形式与焊接设备及工作条件有关，这是必须考虑的问题。虽然 SMT 的典型焊接方法是再流焊，但翼形引脚数量不多的芯片也可以放在电路板的焊接面上，用波峰焊设备进行焊接，有经验的技术工人用热风焊台甚至普通电烙铁也可以熟练地焊接。J 形引脚不易变形，对于单片机或可编程存储器等需要多次拆卸以便擦写其内部程序的集成电路，采用 PLCC 封装的芯片与专用插座配合，使拆卸或更换变得容易。球形引脚是大规模集成电路的发展方向，但 BGA 集成电路肯定不能采用波峰焊或手工焊接。

4）机电元器件大多由塑料构成骨架，塑料骨架容易在焊接时受热变形，最好选用有引脚露在外面的机电元器件。

3. 使用表面组装元器件的注意事项

（1）表面组装元器件存放的环境条件　环境条件如下：

1）环境温度：库存温度 <40℃。

2）生产现场温度：<30℃。

3）环境相对湿度：65% ±5%。

4）环境气氛：库存及使用环境中不得有影响焊接性能的硫、氯、酸等有毒气体。

5）防静电措施：要满足表面组装元器件对防静电的要求。

6）存放周期：从元器件厂家的生产日期算起，库存时间不超过 2 年；整机厂用户购买后的库存时间一般不超过 1 年；假如是自然环境比较潮湿的整机厂，购入表面组装元器件以后应在 3 个月内使用，并在存放地及元器件包装中采取适当的防潮措施。

（2）有防潮要求的表面组装元器件　开封后 72h 内最好使用完毕，最长也不要超过一周。如果不能用完，应存放在相对湿度为 20% 的干燥箱内，已受潮的表面组装元器件要按规定进行烘干去潮处理。

1）凡采用塑料管包装的表面组装器件（SOP、SOJ、PLCC 和 QFP 等），其包装管不耐高温，不能直接放进烘箱烘烤，应另行放在金属管或金属盘内才能烘烤。

2）QFP 封装的塑料盘有不耐高温和耐高温两种。耐高温的（注有 T_{max} = 135℃、150℃或 180℃等几种）可直接放入烘箱中进行烘烤；不耐高温的不可直接放入烘箱烘烤，以防发生意外，应另放在金属盘内进行烘烤，转放时应防止损伤引脚，以免破坏其共面性。

（3）运输、分型、检验或手工贴装　假如工作人员需要拿取表面组装元器件，应该佩戴防静电腕带，尽量使用吸笔操作，并特别注意避免碰伤 SOP、QFP 等元器件的引脚，预防引脚翘曲变形。

（4）剩余表面组装器件的保存方法

1）配备专用低温、低湿储存箱。将开封后暂时不用的表面组装元器件或连同送料器一起存放在箱内。但配备大型专用低温、低湿储存箱费用较高。

2）利用原有完好的包装袋。只要袋子不破损且内装干燥剂良好（湿度指示卡上所有的黑圈都呈蓝色，无粉红色），就仍可将未用完的表面组装元器件重新装回袋内，然后用胶带封口。

本章小结

SMT是先进的电子制造技术，本章主要介绍了表面组装元器件，包括其封装形式和其外包装形式等。

表面组装元器件从功能上来分主要分成无源元器件、有源元器件和机电元器件三类。其中，无源元器件主要封装形式为矩形片式、圆柱形、异形、复合片式等，主要的元器件为表面组装电阻、表面组装电容和表面组装电感；有源元器件主要封装形式为圆柱形、陶瓷组件和塑料组件，主要的元器件有各类表面组装分立元器件和各种封装形式的表面组装集成器件；机电元器件主要的封装形式为异形。

表面组装元器件的包装有散装、编带包装、管式包装和托盘包装4种类型。

思考题

2-1 表面组装元器件有哪些显著特点？

2-2 表面组装元器件上常用的数值标注方法有哪三种？

2-3 试写出下列表面组装元器件的长和宽（mm）：

3216，2012，1608，1005，0603

2-4 试写出下列片状电阻的阻值：

14R7，5R60，1002

2-5 试写出下列片状电阻的含义：

2012R，2012C

2-6 表面组装元器件有哪些包装类型？

2-7 总结SOP、QFP、PLCC、BGA、CSP等封装方式各自的特点。

2-8 常见的SMD引脚形状有（　　）。

A. “R”脚　　B. “L”脚　　C. “I”脚　　D. 球状脚

2-9 目前市面上采用编带包装的表面组装元器件，可使用材料的种类主要是（　　）。

A. 纸带　　B. 塑料袋　　C. 背胶包装袋

2-10 使用表面组装元器件时应该注意哪些问题？

2-11 选择表面组装元器件时应该注意哪些问题？

第 3 章　表面组装工艺材料

3.1　焊锡膏及焊锡膏涂覆工艺

3.1.1　焊锡膏

焊锡膏（Solder Paste）又叫锡膏，灰色膏体，是伴随着 SMT 应运而生的一种新型焊接材料，由合金焊料粉末、糊状焊剂和一些添加剂混合而成的膏状混合物，主要用于 SMT 行业 PCB 表面电阻、电容、IC 等电子元器件的再流焊中。常温下，由于焊锡膏具有一定的黏性，可将电子元器件粘贴在 PCB 焊盘上。在焊接温度下，随着溶剂和部分添加剂的挥发，冷却后元器件的焊端与焊盘被焊料互连在一起，形成电气与机械相连接。

1. 焊锡膏的化学组成

焊锡膏主要由合金焊料粉末和助焊剂组成，其组成和功能见表 3-1。焊锡膏中合金焊料粉末和助焊剂以等体积比混合，但两者重量之比约为 9:1。

表 3-1　焊锡膏组成和功能

组　成		主 要 材 料	功　能
合金焊料粉		Sn-Pb、Sn-Pb-Ag 等	元器件和电路的机械及电气连接
助焊剂	焊剂	松香、合成松脂	净化金属表面，提高焊料浸润性
	粘结剂	松香、松香脂、聚丁烯	提供贴装元器件所需黏性
	活化剂	硬脂酸、盐酸、联氨、三乙醇胺	净化金属表面
	溶剂	甘油、乙二醇	调节焊锡膏特性
	触变剂		防止分散、踏边

（1）合金焊料粉末　合金焊料粉末是焊锡膏的主要成分。常用的合金焊料粉末有锡–铅（Sn-Pb）、锡–铅–银（Sn-Pb-Ag）、锡–铅–铋（Sn-Pb-Bi）等，常用的合金成分为 63% Sn、37% Pb 及 62% Sn、36% Pb、2% Ag。不同合金比例有不同的熔化温度，见表 3-2。以 Sn-Pb 合金焊料为例，图 3-1 所示为不同比例的锡铅合金状态随温度变化的曲线，图中的 T 点称为共晶点，对应合金成分为 61.9% Sn、38.1% Pb，它的熔点只有 182℃。目前一般把 63% 左右 Sn、37% 左右 Pb 焊料称为共晶合金。

表 3-2　合金焊料融化温度

合金焊料	熔点/℃	合金焊料	熔点/℃
Sn-Zn	204～371	Sn-Sb	249
Pb-Ag	310～366	Sb-Pb-In	99～216
Sn-Pb	177～327	Sb-Pb-Bi	38～149

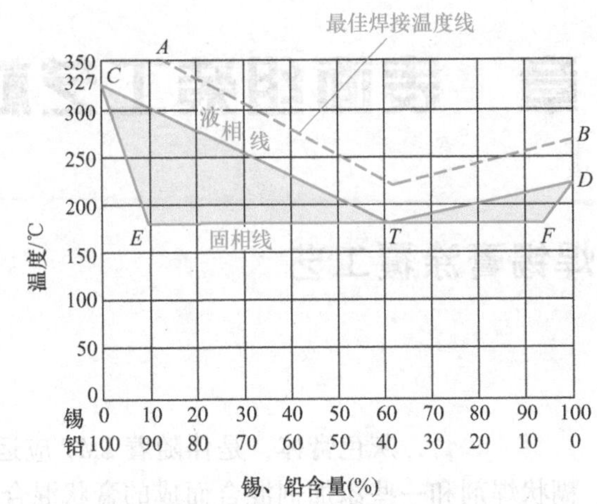

图 3-1 锡铅合金状态随温度变化的曲线

在应用中，液相线温度等于熔点温度，固相线温度等于其软化温度，液相线之上 30～40℃的虚线是最佳焊接温度线。对于给定的合金成分，在液相线和固相线之间的温度范围是液相和固相共存范围，被认为是塑性范围或黏稠范围。液相线温度与固相线温度相等的合金成分，称为共晶合金，此温度称为共晶点或共晶线。共晶合金在升温时，只要达到共晶点温度，立即从固相变成液相；反之，冷却凝固时只要降到共晶点温度，立即从液相变成固相。因此，共晶合金在熔化和凝固过程中没有塑性范围。

合金凝固温度范围对焊接的工艺性和焊点质量影响极大，塑性范围大的合金，在合金凝固、形成焊点时所需要的时间较长。如果在合金凝固期间，PCB 或元器件的任何振动都会造成“焊点扰动”，有可能会使焊点开裂。因此，选择焊料合金时应尽量选择共晶或近共晶合金。大多数冶金专家建议将塑性范围控制在 10℃以内。为了保证焊点在最恶劣环境下的可靠性，建议焊料合金的液相线（熔点）应至少高于工作温度上限值的两倍。

合金焊料粉末的形状、粒度和表面氧化程度对焊锡膏性能的影响很大。合金焊料粉末按形状分成无定形和球形两种。球形合金粉末的表面积小、氧化程度低，制成的焊锡膏具有良好的印刷性能。合金焊料粉末的粒度一般为 200～400 目，要求锡粉颗粒大小分布均匀。国内的焊料粉或焊锡膏生产厂，经常用分布比例衡量其均匀度：以 25～45μm 的合金焊料粉为例，通常要求 35μm 左右的颗粒分布比例为 60% 左右，35μm 以下及以上部分各占 20% 左右。合金焊料粉末的粒度越小，则黏度越大；粒度过大，会使焊锡膏粘接性能变差；粒度太小，则由于表面积增大，会使表面含氧量增高，也不宜采用。

另外，也要求合金焊料粉颗粒形状较为规则，一般行业要求合金粉末形状应为球形，但允许长轴与短轴的最大比为 1.5 的近球形状粉末。在实际应用中，通常要求颗粒长、短轴的比例在 1.2∶1 以下。

（2）助焊剂　在焊锡膏中，糊状助焊剂是合金粉末的载体，其组成与通用助焊剂基本相同。一般助焊剂由焊剂、粘结剂、活化剂、触变剂和溶剂组成。焊剂与粘结剂起着加大焊锡膏黏附性、净化金属表面、提高焊料浸润性的作用。活化剂主要起净化金属表面的作用，

使焊料迅速扩散并附着在被焊金属表面。触变剂主要用来调节焊锡膏的黏度及印刷性能，防止在印刷中出现拖尾、粘连等现象。溶剂是助焊剂的一种重要组分，在焊锡膏的搅拌过程中起调节均匀的作用，对焊锡膏的寿命有一定的影响。

助焊剂的组成对焊锡膏的扩展性、润湿性、塌陷、黏度变化、清洗性质、焊珠飞溅及储存寿命均有较大影响。

2. 焊锡膏的分类

焊锡膏根据其黏度、流动性及印刷时漏板的种类设计配方，通常可按以下性能分类：

（1）按合金焊料粉的熔点分类　焊锡膏按熔点分为高温焊锡膏（217℃以上）、中温焊锡膏（173～200℃）和低温焊锡膏（138～173℃）。最常用的焊锡膏熔点为178～183℃，随着所用金属种类和组成的不同，焊锡膏的熔点可提高至250℃以上，也可降为150℃以下，可根据焊接所需温度的不同，选择不同熔点的焊锡膏。

（2）按焊剂的活性分类　焊锡膏按焊剂活性可分为R级（无活性）、RMA级（中度活性）、RA级（完全活性）和SRA级（超活性）。一般，R级用于航天、航空电子产品的焊接，RMA级用于军事和其他高可靠性电路组件，RA级和SRA级用于消费类电子产品，使用时可以根据PCB和元器件的情况及清洗工艺要求进行选择。

（3）按焊锡膏的黏度分类　焊锡膏黏度的变化范围很大，通常为100～600Pa·s，最高可达1000Pa·s以上。使用时可依据施膏工艺手段的不同进行选择。

（4）按清洗方式分类　焊锡膏按清洗方式可分为有机溶剂清洗类、水清洗类、半水清洗类和免清洗类几种。其中，有机溶剂清洗类如传统松香焊膏，水清洗类的活性较强，可用于难以钎焊的表面，半水清洗类和免清洗类的焊锡膏不含氯离子。从保护环境的角度考虑，水清洗类、半水清洗类和免清洗类是电子产品工艺的发展方向。

3. 表面组装对焊锡膏的要求

SMT工艺对焊锡膏特性和相关因素的具体要求如下：

（1）焊锡膏应具有良好的保存稳定性　焊锡膏制备后，印刷前应能在常温或冷藏条件下保存3～6个月而性能不变。

（2）印刷时和再流加热前应具有的性能

1）印刷时应具有优良的脱模性。

2）印刷时和印刷后焊锡膏不易坍塌。

3）焊锡膏应具有合适的黏度。

（3）再流加热时应具有的性能

1）应具有良好的润湿性。

2）不形成或形成最少量的焊料球（锡珠）。

3）焊料飞溅要少。

（4）再流焊后应具有的性能

1）要求助焊剂中固体含量越低越好，焊后易清洗干净。

2）焊接强度高。

4. 焊锡膏使用注意事项

(1) 保存方法　焊锡膏要保存在1～10℃的环境下，焊锡膏的使用期限为6个月（未开封），不可放置于阳光照射处。

(2) 使用方法（开封前）　开封前须将焊锡膏温度回升到使用环境温度（25℃±3℃），回温时间为3～4h，并禁止使用其他加热器使其温度瞬间上升的做法；回温后须充分搅拌，使用搅拌机的搅拌时间为1～3min，视搅拌机种类而定。

(3) 使用方法（开封后）

1）将焊锡膏约2/3的量添加于钢网上，尽量保持以不超过1罐的量于钢网上。

2）视生产速度，以少量多次的添加方式补足钢网上的焊锡膏量，以维持焊锡膏的品质。

3）当天未使用完的焊锡膏，不可与尚未使用的焊锡膏共同放置，应另外存放在别的容器之中。焊锡膏开封后在室温下建议24h内用完。

4）隔天使用时应先行使用新开封的焊锡膏，并将前一天未使用完的焊锡膏与新焊锡膏以1:2的比例搅拌均匀，并以少量多次的方式添加使用。

5）焊锡膏印刷在基板后，建议于4～6h内放置零件进入回焊炉完成焊接。

6）换生产线超过1h以上，请于换生产线前将焊锡膏从钢网上刮起收入焊锡膏罐内封盖。

7）焊锡膏连续印刷24h后，由于空气粉尘等污染，为确保产品品质，将未使用完的焊锡膏与新锡膏以1:2的比例搅拌均匀，并以少量多次的方式添加使用。

8）为确保印刷品质，建议每4h将钢网双面的开口以人工方式进行擦拭。

9）室内环境温度请控制在22～28℃、相对湿度为30%～60%为最好的作业环境。

10）建议使用工业酒精或工业清洗剂擦拭印刷错误的基板。

5. 影响焊锡膏特性的主要参数

影响焊膏特性的主要参数有合金组分、助焊剂的组成及合金与助焊剂的配比，合金粉末颗粒尺寸、形状和分布均匀性，合金粉末表面含氧量、黏度、触变指数和塌落度等。

(1) 合金组分、助焊剂的组成及合金焊料与助焊剂的配比

1）合金组分：要求焊锡膏的合金组分尽量达到共晶合金或近共晶合金，这样有利于提高焊接质量。

2）助焊剂的组成直接影响焊锡膏的可焊性和印刷性。

3）合金与助焊剂的配比：焊锡膏中合金的含量决定焊接后焊料的厚度。随着合金所占质量分数的增加，焊点的高度也增加。但在给定黏度下，随着合金含量的增加，焊点桥连的倾向也相应增大。从表3-3中可以看出，随着合金含量的减小，再流焊后焊点厚度减小，通常选用85%～90%合金含量。

合金质量分数还直接影响焊锡膏的黏度和印刷性，一般合金质量分数为75%～90%。免清洗焊锡膏和模板印刷工艺用的合金质量分数高一些，控制在89%或90%。滴涂工艺用的合金质量分数低一些，为75%～85%。

表 3-3　焊锡膏厚度一定时合金含量对焊点厚度的影响

合金含量（%）	厚度/in	
Sn-Zn	焊锡膏图形厚度	再流焊后焊点厚度
90	0.009	0.0045
85	0.009	0.0035
80	0.009	0.0025
75	0.009	0.0020

(2) 合金粉末颗粒尺寸、形状和分布均匀性　合金粉末颗粒的尺寸、形状和分布均匀性是影响焊锡膏性能的重要参数，它影响焊锡膏的印刷性、脱模性和可焊性。细小颗粒的焊锡膏印刷性比较好，因此对于高密度、小间距的产品，由于模板开口尺寸小，必须采用小颗粒合金粉末，否则会影响印刷性和脱模性。

1）合金粉末颗粒尺寸：一般合金粉末颗粒直径应小于模板开口尺寸的1/5。常用合金粉末颗粒的尺寸分为6种粒度等级，随着SMT组装密度越来越高，目前已推出适应高密度的小于20μm的微粉颗粒，一般选用25～45μm粉末颗粒，见表3-4。

表 3-4　6 种焊锡膏常用合金粉末的类型和颗粒尺寸

合金粉末类型	80%以上粉末颗粒尺寸/μm	<0.005%的粉末尺寸/μm	<1%的粉末尺寸/μm	<10%的微粉颗粒尺寸/μm
1	75～150	>180	>150	<20
2	45～75	>90	>75	<20
3	25～45	>53	>45	<20
4	20～38	>45	>38	<20
5	15～25	>32	>25	<15
6	5～15	>25	>15	<5

合金粉末表面氧化物含量应小于0.5%。

2）合金粉末颗粒形状：有球形和不定形（针状、棒状）两种，如图3-2和图3-3所示。球形颗粒表面积小、含氧量低、焊点光亮，有利于提高焊接质量，被广泛采用。

3）合金粉末颗粒分布均匀性。合金粉末要控制大颗粒与微粉颗粒的含量：大颗粒会堵塞网孔，影响漏印性；过细的微粉在再流焊预热升温阶段容易随溶剂挥发飞溅，形成小锡珠，微粉应控制在10%以下。

(3) 黏度　焊锡膏是一种具有一定黏度的触变性流体，在外力的作用下能产生流动。黏度是焊锡膏的主要特性指标，它是影响印刷性能的重要因素。黏度太大，焊锡膏不易穿出模板的漏孔，影响焊锡膏的填充和脱膜，印出的焊锡膏图形残缺不全；黏度太小，印刷后的焊锡膏图形容易塌边，使相邻焊锡膏图形粘连，焊后造成焊点桥接。

影响焊锡膏黏度的主要因素如下：

1）合金焊料粉的百分含量。从图3-4可以看出，合金粉末含量高，黏度大；合金粉末含量低，黏度小。

2）合金粉末颗粒尺寸（粒度）。从图3-5可以看出，合金粉末粒度增大，黏度减小；

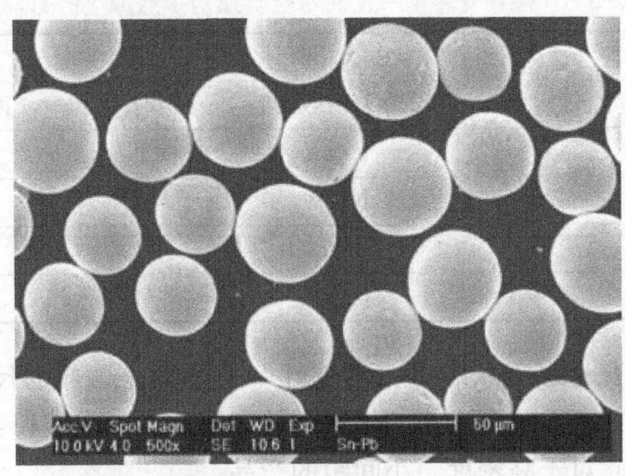

图 3-2 球形合金粉末颗粒

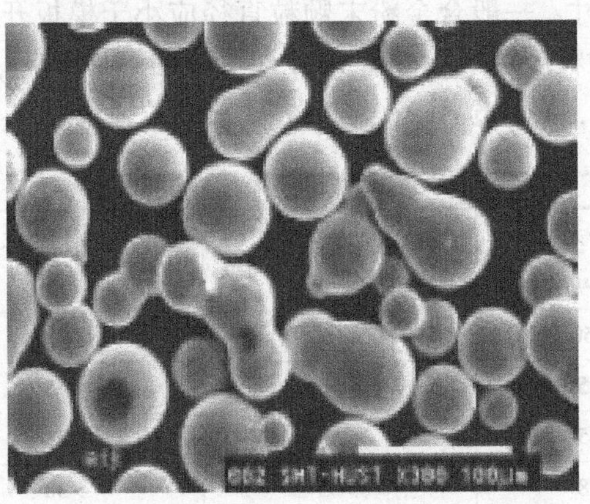

图 3-3 不定形合金粉末颗粒

粒度减小，黏度增大。

3）温度。从图 3-6 可以看出，温度升高，黏度减小；温度降低，黏度增大。

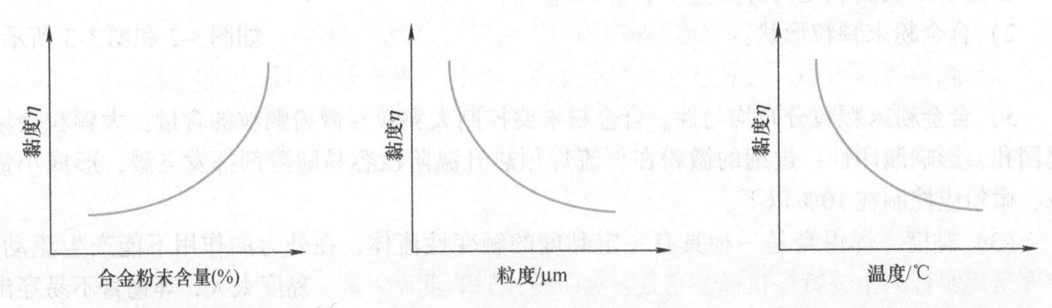

图 3-4 合金含量与黏度的关系　图 3-5 粒度对黏度的影响　图 3-6 温度对黏度的影响

（4）触变指数和塌落度　触变指数是指触变性流体受外力作用时黏度能迅速下降，停止外力后迅速恢复黏度的性能。焊锡膏是触变性流体，焊锡膏的塌落度主要与焊锡膏的黏度和触变性有关：触变指数高，塌落度小；触变指数低，塌落度大。影响触变指数和塌落度的主要因素如下：

1）合金焊料与助焊剂的配比，即合金粉在焊锡膏中的质量分数。

2）助焊剂载体中的触变性能和添加量。

3）颗粒的形状和尺寸。

(5) 工作寿命和储存期限　在室温下连续印刷时，要求焊锡膏的黏度随时间变化小、不易干燥、印刷性（滚动性）稳定，工作寿命是指维持这种状态的时间。一般要求在常温下放置12~24h，至少4h，其性能保持不变。

储存期限是指在规定的储存条件下，焊锡膏从制造到应用，其性能不致严重降低、不失效，正常使用之前的保存期限，一般规定在2~10℃下保存1年，至少3~6个月。

6. 焊锡膏的选择

不同产品要选择不同的焊锡膏。

焊锡膏合金粉末的组分、纯度及含氧量、颗粒形状和尺寸、助焊剂的成分与性质等是决定焊锡膏特性及焊点质量的关键因素。

1）根据产品本身的价值和用途，高可靠性的产品需要高质量的焊锡膏。

2）根据PCB和元器件存放时间及表面氧化程度选择焊锡膏的活性：

① 高可靠性的电路组件可选用RMA级。

② 航天、航空等电子产品的焊接一般选用R级。

③ PCB、元器件存放时间长，表面严重氧化，应采用RA级且焊后清洗。

3）根据产品的组装工艺、PCB、元器件的具体情况选择焊锡膏合金组分：

① 一般镀铅锡PCB采用63% Sn、37% Pb。

② 含有钯金或钯银厚膜端头和引脚可焊性较差的元器件PCB采用62% Sn、36% Pb、2% Ag。

③ 水金板一般不要选择含银的焊锡膏。

④ 无铅工艺一般选择Sn-Ag-Cu合金焊料。

4）根据产品（表面组装板）对清洁度的要求选择是否采用免清洗焊锡膏。

① 对于免清洗工艺，要选用不含卤素或其他弱腐蚀性化合物的焊锡膏。

② 高可靠性产品、航天和军工产品及高精度、微弱信号仪器仪表，以及涉及生命安全的医用器材，要采用水清洗或溶剂清洗的焊锡膏，焊后必须清洗干净。

5）BGA、CSP、QFN一般都需要采用高质量免清洗焊锡膏。

6）焊接热敏元器件时，应选用含铋（Bi）的低熔点焊锡膏。

7）根据PCB的组装密度（有无小间距）选择合金粉末颗粒尺寸（粒度）。

SMD引脚间距也是选择合金粉末颗粒尺寸的重要因素之一。最常用的是直径为25~45μm的合金粉颗粒，更小间距时一般选择颗粒直径在40μm以下的合金粉末颗粒，见表3-5。

表3-5　SMD引脚间距和焊料颗粒的关系

引脚间距/mm	>0.8	0.65	0.5	0.4	0.3
颗粒直径/μm	<75	<60	<50	<40	<30

8）根据施加焊锡膏的工艺及组装密度选择焊锡膏的黏度。模板印刷和高密度印刷时应选择高黏度焊锡膏，点胶时应选择低黏度焊锡膏。

7. 焊锡膏的评估

目前焊锡膏的种类非常多，如何选择出适合自己产品的焊锡膏，是保证组装质量的关键之一。焊锡膏评估可以分为材料特性评估和工艺特性评估两个部分。

焊锡膏材料特性评估的指标通常包括焊锡膏黏度、合金颗粒尺寸及形状、助焊剂含量、卤素含量、绝缘电阻等焊锡膏材料本身所有的物理化学指标；工艺特性则是指焊锡膏在SMT实际生产中的应用特性，包括可印刷性、塌陷、润湿性、焊球等与SMT工艺相关的性能。

焊锡膏评估试验需要一些专用设备、仪器，有些项目对于一般的SMT制造厂商是没有条件开展的。因此，SMT制造厂商一般只能从外观上做一些目视检测。另外，可以根据本企业产品的重要性及检测设备配置情况做可印刷性、塌陷、润湿性、焊球等工艺性试验。

3.1.2 焊锡膏涂覆工艺

1. 漏印模板

焊锡膏印刷是SMT中第一道工序，它是关系到组装板质量优劣的关键因素之一，统计表明，在SMT生产中，60%以上的焊接缺陷来源于焊锡膏印刷。焊锡膏的印刷涉及三项内容——焊锡膏、模板和印刷机，这三者之间合理的组合对提高SMT产品质量是非常重要的。

焊锡膏涂覆的方式有两种：注射滴涂法和印刷涂覆法。注射滴涂法主要应用在新产品的研制或小批量产品的生产中，可以手工操作，但速度慢、精度低。其优点是灵活性高，省去了制造模板的成本。而印刷涂覆法又分成直接印刷法（也叫模板漏印法或漏板印刷法）和非接触印刷法（也叫丝网印刷法）两种类型。一般地，丝网印刷模板（又称丝网漏印模板）窗口开口率达不到100%，不适用于焊锡膏印刷工艺，且使用寿命较短，故现在基本上已被淘汰，而直接印刷法是目前高档设备广泛应用的方法。

模板印刷相对丝网印刷虽然较为复杂，加工成本高，但有许多优点，如对焊锡膏粒度不敏感、不易堵塞、所用焊锡膏黏度范围宽、印刷均匀等，并且很耐用，模板寿命为丝网寿命的25倍，故适用于大批量生产和组装密度高、多引脚小间距产品。

根据模板材料和固定方式，模板可分成三类：网目/乳胶模板、全金属模板和柔性金属模板。

1）网目/乳胶模板的制作方法与丝网板相同，只是开口部分要完全蚀刻透，即开口处的网目也要蚀刻掉，这将使丝网的稳定性变差，另外这种模板的价格也较高。

2）全金属模板是将金属钢板直接固定在框架上，它不能承受张力，只能用于接触式印刷，也叫刚性金属模板，这种模板的寿命长，但价格也高。

3）柔性金属模板是将金属模板与聚酯丝网结合，这种模板目前应用最为广泛，整体呈“刚-柔-刚”的结构。

模板的结构如图3-7所示，常见模板的外框是铸铝框架或由铝方管焊接而成。

2. 模板窗口形状和尺寸设计

钢网（模板）的作用是将焊锡膏以一定的形状和厚度转移到PCB焊盘上，为后续元器

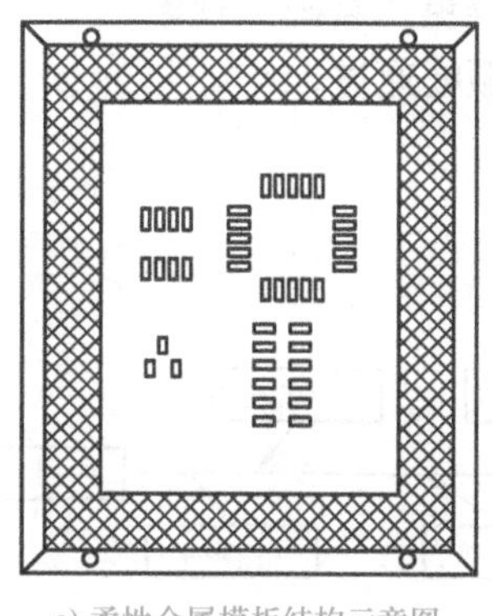

a) 柔性金属模板结构示意图

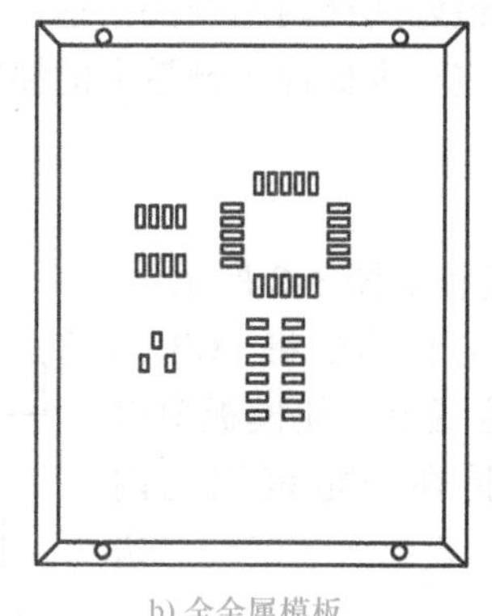

b) 全金属模板

c) 实物照片

图 3-7　模板的结构

件的贴装和再流焊接工序做准备。模板基材厚度及窗口尺寸大小直接关系到焊锡膏印刷量，从而影响到焊接质量。模板基材厚度和窗口尺寸过大会造成焊锡膏施放量过多，易造成“桥接”；窗口尺寸过小，会造成焊锡膏释放量过少而产生“虚焊”。因此，SMT 生产中应重视模板的设计。

（1）模板良好漏印性的必要条件

1）窗口壁光洁度对焊锡膏印刷效果的影响：模板窗口壁应尽量光滑。

2）宽厚比、面积比与窗口壁光洁度对焊锡膏印刷效果的影响：当焊盘面积大于模板窗口壁面积时，也有良好的印刷效果，但窗口壁面积不宜太小，否则焊锡膏量不够。显然，窗口壁面积与模板厚度有直接关系。模板的厚度、窗口大小以及窗口壁的光洁度直接影响到模板的漏印性。在实际生产中，可以通过宽厚比和面积比这两个参数来评估模板的漏印性能。宽厚比和面积比的定义如下：

$$\text{宽厚比}=\frac{\text{开口宽度}}{\text{模板厚度}}=\frac{W}{T}$$

$$\text{面积比}=\frac{\text{开口面积}}{\text{网孔壁面积}}=\frac{WL}{2\ (L+W)\ T}$$

式中，W 为开口宽度；T 为模板厚度；L 为开口长度。

（2）模板开口的形状与尺寸　模板开口的尺寸比焊盘图形尺寸略小，一般模板开口尺寸为焊盘尺寸的 92%。而印刷无铅焊锡膏时，由于其比重小于锡铅焊锡膏，表面张力大且润湿性差，故开口要大些，一般模板开口尺寸等于焊盘尺寸。

（3）模板的厚度　如果没有 BGA、CSP 等器件的存在，则模板厚度一般取 0.15mm。BGA、CSP 等器件对模板的厚度有特殊要求，其他元器件对模板厚度的需求也各不相同，当多种元器件混合组装时，可采用这种方式选择尺寸，例如，若 PCB 上有 0.5mmQFP 和 0402Chip 组件，钢网厚度选 0.12mm；若 PCB 上有 0.5mmQFP 和 0603Chip 组件，则钢网厚度选 0.15mm。

随着电子产品的小型化，电子产品组装技术越来越复杂，为实现各种贴片元器件的共同组装，甚至是和通孔插装元器件共存，模板的尺寸也不能唯一固定了。模板设计时应注意的问题如下：

1）小间距 IC/QFP，为防止应力集中，最好两端倒圆角。

2）片状组件的防锡珠开法最好选择内凹开法，这样可以避免“墓碑”现象。

3）模板设计时，开口宽度应至少保证4颗最大的锡球能顺畅通过。

3. 表面组装印刷工艺的基本流程

表面组装印刷工艺的基本流程如图3-8所示。

（1）基板定位　基板定位的目的是将PCB初步调整到与模板图形相对应的位置上，使模板窗口位置与PCB焊盘图形位置保持在一定范围之内(机器能自动识别)。基板定位方式包括孔定位、边定位和真空定位。

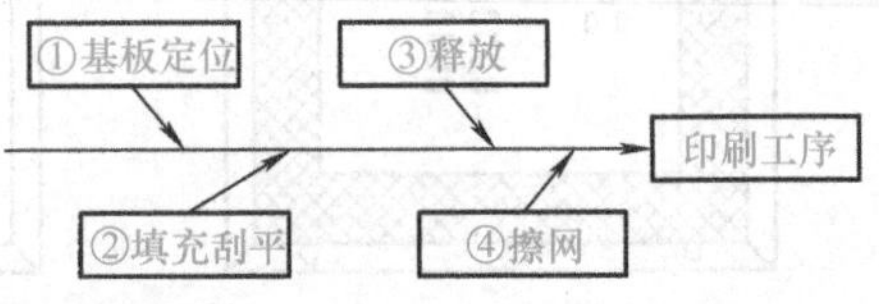

图3-8　表面组装印刷工艺的基本流程

双面贴装PCB采用孔定位时，印刷第二面时要注意各种顶针应避开已贴好的元器件，不要顶在元器件上，以防元器件损坏。

优良的基板定位应满足以下基本要求：容易入位和离位，没有任何凸起印刷面的物件，在整个印刷过程中保持基板稳定，保持或协助提高基板印刷时的平整度，不会影响模板对焊锡膏的释放动作。

基板定位后要进行图形对准，即通过对印刷工作平台或模板的x、y、θ进行精细调整，使PCB焊盘图形与模板漏孔图形完全重合。究竟调整工作台还是调整模板，要根据印刷机的构造而定。目前多数印刷机的模板是固定的，这种方式的印刷精度比较高。

图形对准时需要注意PCB的方向与模板漏孔图形一致，应设置好PCB与模板的接触高度，图形对准必须确保PCB焊盘图形与模板漏孔图形完全重合。对准图形时一般先调θ，使PCB焊盘图形与模板漏孔图形平行，再调x、y，然后再重复进行微细的调节，直到PCB焊盘图形与模板漏孔图形完全重合为止。

（2）填充刮平　刮刀带动焊锡膏刮过模板的窗口区，在这一过程中，必须让焊锡膏能进行良好的滚动与填充。多余的焊锡膏由刮刀刮走并带平，如图3-9所示。

（3）释放　释放是指将印刷好的焊锡膏由模板窗口转移到PCB焊盘上的过程，良好的释放可以得到良好的焊锡膏外形，如图3-10所示。

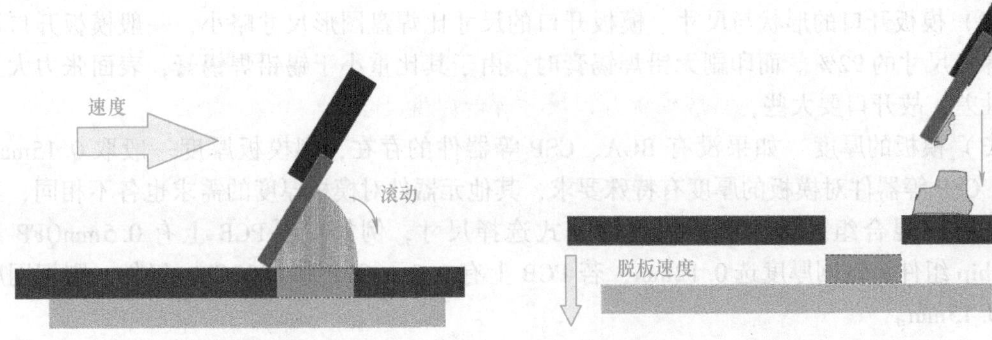

图3-9　印刷机填充刮平过程示意图　　图3-10　印刷机释放过程示意图

（4）擦网　擦网是指将残留在模板底部和窗口内的焊锡膏清除的过程。目前有手工擦拭和机器擦拭2种方式。

4. 印刷工艺参数的调节

焊锡膏印刷时，刮刀速度、刮刀压力、刮刀与网板的角度、脱模速度及焊锡膏的黏度之间都存在一定的制约关系，因此，只有正确地控制这些参数，才能保证焊锡膏的印刷质量。

（1）印刷行程　印刷前一般需要设置前、后印刷极限，即确定印刷行程。前极限一般在模板图形前20mm处，后极限一般在模板图形后20mm处，间距太大容易延长整体印刷时间，太短易造成焊锡膏图形粘连等缺陷。控制好焊锡膏印刷行程以防焊锡膏漫流到模板的起始和终止印刷位置处的开口中，造成该处印刷图形粘连等印刷缺陷。

（2）刮刀夹角　刮刀夹角影响刮刀对焊锡膏垂直方向力的大小，夹角越小，其垂直方向的分力 F_y 越大，通过改变刮刀夹角可以改变所产生的压力。刮刀角度如果大于80°，则焊锡膏只能保持原状前进而不滚动，此时垂直方向的分力 F_y 几乎为零，焊锡膏便不会压入模板窗口。刮刀角度的最佳设定应为45°~60°，此时焊锡膏有良好的滚动性。

（3）刮刀速度　刮刀速度快，焊锡膏所受的力也大。但提高刮刀速度，焊锡膏压入的时间将变短，如果刮刀速度过快，则焊锡膏不能滚动而仅在印刷模板上滑动。考虑到焊锡膏压入窗口的实际情况，最大的印刷速度应保证QFP焊盘焊锡膏纵横方向均匀、饱满，通常当刮刀速度控制在20~40mm/s时，印刷效果较好。因为焊锡膏流进窗口需要时间，这一点在印刷小间距QFP图形时尤为明显，当刮刀沿QFP焊盘一侧运行时，垂直于刮刀的焊盘上焊锡膏图形比另一侧要饱满，故有的印刷机具有“刮刀旋转45°”的功能，以保证小间距QFP印刷时四面焊锡膏量均匀。

（4）刮刀压力　刮刀压力即通常所说的印刷压力，印刷压力的改变对印制质量影响重大。印刷压力不足，会引起焊锡膏残留（刮不干净）且导致PCB上焊锡膏量不足。如果印刷压力过大，又会使刮刀前部产生形变，并对压入力起重要作用的刮刀角度产生影响。

（5）刮刀宽度　如果刮刀相对PCB过宽，那么就需要更大的压力、更多的焊锡膏参与其工作，因而会造成焊锡膏的浪费。一般的最佳刮刀宽度为PCB长度（印刷方向）加上50mm左右，并要保证刮刀头落在金属模板上。

（6）印刷间隙　通常保持PCB与模板零距离（早期也要求控制在0~0.5mm之间，但有FQFP时应为零距离），部分印刷机在使用柔性金属模板时还要求PCB平面稍高于模板平面，调节后的金属模板被微微向上撑起，但撑起的高度不应过大，否则会引起模板损坏。从刮刀运行动作上看，正确的印刷间隙应为刮刀在模板上运行自如，既要求刮刀所到之处焊锡膏全部刮走，不留多余的焊锡膏，同时又要求刮刀不在模板上留下划痕。

（7）脱模速度　焊锡膏印刷后，模板离开PCB的瞬时速度（脱模速度）是关系到印刷质量的参数之一，其调节能力也是体现印刷机质量好坏的参数，在精密印刷中尤其重要。早期印刷机采用恒速分离，先进的印刷机其钢板离开焊锡膏图形时有一个短暂的停留过程，以保证获取最佳的印刷图形。

脱模时基板下降，由于焊锡膏的黏着力，使印刷模板产生形变，形成挠曲。模板因挠曲的弹力要回到原来的位置，如果分离速度不当将致使模板扭曲过大，其结果就是模板因其弹力快速复位，抬起焊锡膏的周围，两端形成极端抬起的印刷形状，抬起高度与模板的扭曲度成正比；严重情况下还会刮掉焊锡膏，使焊锡膏残留到开孔内。通常脱模速度设定为0.3~3mm/s，脱模距离一般为3mm。图3-11所示为不同脱模速度形成的印刷图形。

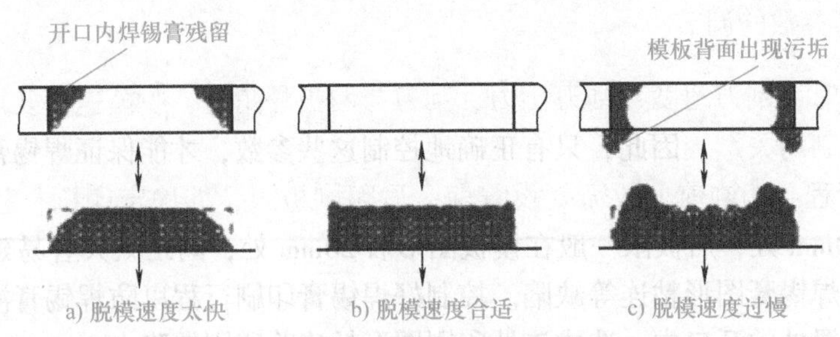

图 3-11 不同脱模速度形成的印刷图形

（8）清洗模式与清洗频率 在印刷过程中要对模板底部进行清洗，消除其附着物，以防止污染 PCB。清洗通常采用无水乙醇作为清洗剂，清洗方式有湿-湿、干-干、湿-湿-干等。

在印刷过程中，印刷机要设定的清洗频率为每印刷 8~10 块清洗一次，通常根据模板的开口情况和焊锡膏的连续印刷性而定。有小间距、高密度图形时，清洗频率要高一些，以保证印刷质量。一般还规定每 30min 要手动用无尘纸擦洗一次。

5. 焊锡膏印刷的缺陷、产生原因及对策

对于模板印刷质量的检测，目前采用的方法主要有目测法、二维检测/三维检测（AOI）。在检测焊锡膏印刷质量时，应根据元器件类型采用不同的检测工具和方法，目测法（带放大镜）适用于不含小间距 QFP 器件或小批量生产，其操作成本低，但反馈回来的数据可靠性低、易遗漏。当印刷复杂 PCB 时，如计算机主板，最好采用 AOI 技术，并最好是在线测试，使可靠性达 100%，它不仅能够监控，而且能收集工艺控制所需的真实数据。

检验标准要求：有小间距（0.5mm）QFP 时，通常应全部检查；当无小间距 QFP 时，可以抽检，取样规则见表 3-6。

表 3-6 焊锡膏印刷检验取样规则

批量范围/块	取样数/块	不合格品的允许数量/块
1~500	13	0
501~3200	50	1
3201~10000	80	2
10001~35000	120	3

优良的印刷图形应是纵横方向均匀挺括、饱满，四周清洁，焊锡膏占满焊盘。用这样的印刷图形贴放元器件，经过再流焊将得到优良的焊接效果。如果印刷工艺出现问题，将产生不良的印刷效果。焊锡膏印刷常见问题、原因和解决措施见表 3-7。

图 3-7 焊锡膏印刷常见问题、原因和解决措施

常见问题	原 因	解决措施
凹陷	刮刀压力过大，削去部分焊锡膏	调节刮刀压力
焊锡膏过量	刮刀压力过小，模板表面多出焊锡膏	调节刮刀压力
	模板窗口尺寸过大，模板与 PCB 之间的间隙过大	检查模板窗口尺寸，调节模板与 PCB 之间的间隙

（续）

常见问题	原　因	解决措施
拖曳 （焊锡面凸凹不平）	模板分离速度过快	调整模板的分离速度
连锡（焊锡膏桥连）	焊锡膏本身问题	更换焊锡膏
	PCB 与模板的开口对位不准	调节 PCB 与模板的对位
	印刷机内温度低，黏度上升	开启空调，升高温度，降低黏度
	印刷太快会破坏焊锡膏里面的触变剂，使焊锡膏变软	调节印刷速度
锡量不足	印刷压力过大，分离速度过快	调节印刷压力和分离速度
	温度过高，溶剂挥发，黏度增加	开启空调，降低温度
焊锡膏偏离	印刷机的重复精度较低	必要时更换零部件
	模板位置偏离	精确调节模板位置
	模板制造尺寸误差	选用制造精度高的模板
	印刷压力过大	降低印刷压力
	浮动机构调节不平衡	调好浮动机构的平衡度

3.2 贴片胶及涂覆工艺

表面组装技术有两类典型的工艺流程：一类是焊锡膏-再流焊工艺，另一类是贴片胶-波峰焊工艺。后者是将片状元器件采用贴片胶粘贴在 PCB 表面，并在 PCB 另一个面上插装通孔元器件（也可以贴放片式元器件），然后通过波峰焊就能将两种元器件同时焊接在电路板上了。

贴片胶与所谓的焊锡膏是不相同的，它仅提供粘贴作用，同时，其一旦固化，即使在焊料熔化的温度也不剥离，也就是说，贴片胶的固化过程是不可逆的。若在贴片胶涂覆过程中，不小心涂到了焊盘上，会影响其电气连接。

3.2.1 贴片胶

1. 常用贴片胶

贴片胶按基体材料不同，可分为环氧型贴片胶和丙烯酸类贴片胶两大类。

（1）环氧型贴片胶　环氧型贴片胶是 SMT 中最常用的一种贴片胶，通常以热固化为主，由环氧树脂、固化剂、增韧剂、填料及触变剂混合而成。我国生产的这类贴片胶，其典型配方为：环氧树脂 63%（质量比，下同），无机填料 30%，胺系固化剂 4%，无机颜料 3%。环氧树脂是最老和应用最广的热固型、高黏度贴片胶。

（2）丙烯酸类贴片胶　丙烯酸类贴片胶是 SMT 中常用的另一大类贴片胶，由丙烯酸类树脂、光固化剂和填料组成，常用单组分。它通常是光固化型的贴片胶，其特点是固化时间短，但强度不及环氧型贴片胶高，其中的光固化剂在紫外光的激发下能释放出自由基，促使丙烯酸类树脂胶中双键打开，其反应机理属自由基链式反应型，反应能在极短的时间内进行。该类固化胶反应过程如图 3-12 所示。

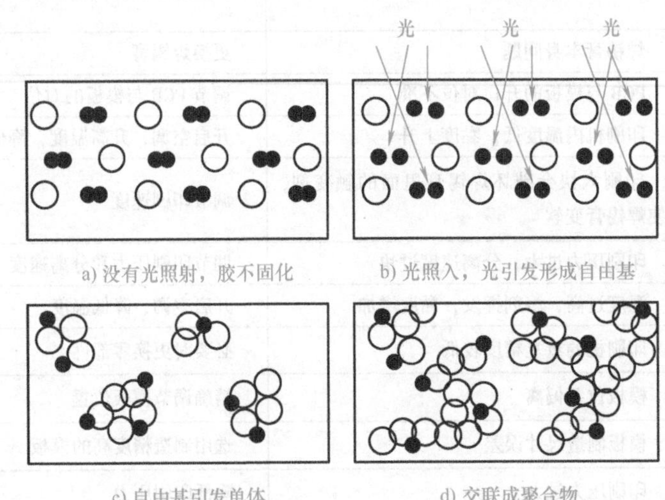

图 3-12 光固化胶的固化过程

采用光固化时应注意阴影效应，即光固化时在未能照射到的地方是不能固化的，因此在设计点胶位置时，应将胶点暴露在元器件的边缘，否则达不到所需要的强度。为了防止这种缺陷的发生，通常在加入光固化剂的同时，也加入少量的热固化性的过氧化物。事实上在强大的紫外光灯照射下，既有光能又有热能，此外，固化炉中还可以加热，以达到双重固化的目的。

2. 贴片胶的选用

以上介绍了两类贴片胶，但在实际 SMT 生产中选哪一类胶需要根据工厂设备的状态及元器件的形状等因素来决定。

（1）环氧型贴片胶（热固化型） 通常环氧型贴片胶固化时只需红外再流焊机即可，红外再流焊机既可以用于焊锡膏的再流焊，也可以用于贴片胶的固化，不需增置 UV 灯（紫外线灯），只需添置用于储存的低温箱，这与焊锡膏的储存要求是一致的。因此，用于焊锡膏的工作环境均可适用于环氧型贴片胶。此外，环氧型贴片胶采用热固化，因此无阴影效应，适用于不同形状的元器件，点胶的位置也无特殊要求。

（2）丙烯酸类贴片胶（光固化型） 采用丙烯酸类贴片胶时则需添置 UV 灯，但可以不用低温箱，通常该类固化胶的性能稳定并有固化快的优点，但对点胶的位置有一定要求。胶点应分布在元器件的外围，否则不易固化且影响强度。另外，丙烯酸类贴片胶的强度不及环氧型贴片胶的强度高。

3. 包装

当前贴片胶的包装形式有两大类，一类供压力注射法点胶工艺用包装，贴片胶包装成 5ml、10ml、20ml 和 30ml 注射针管制式，可直接在点胶机上使用。此外，还有 300ml 注射

管大包装，使用时分装到小注射针管中。另一类包装是听装，可供丝网/模板印刷方式涂布胶用，通常每听装有1kg。图3-13所示为贴片胶两种包装的实物图。

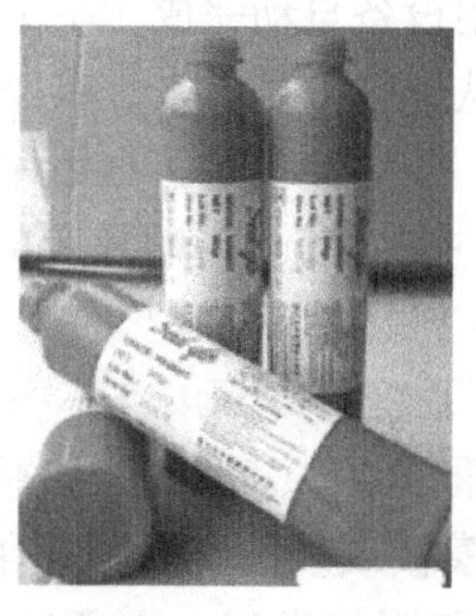
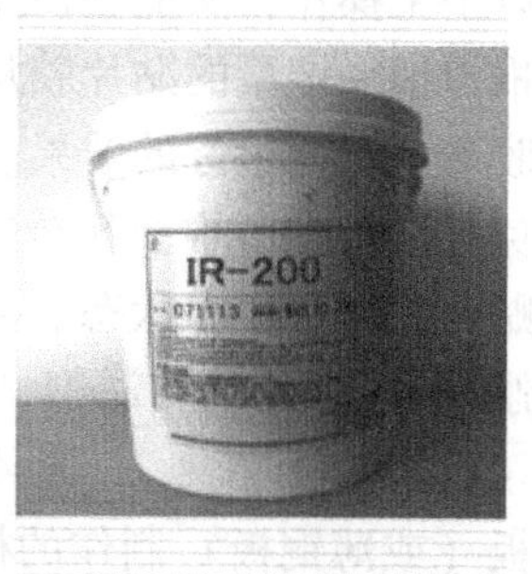

图3-13　贴片胶两种包装的实物图

3.2.2　贴片胶涂覆工艺

1. 贴片胶的涂覆方法

把贴片胶涂覆到电路板上的工艺俗称“点胶”。常用的方法有针式转移法、分配器点涂法和丝网/模板印刷法。

（1）针式转移法　针式转移法也称点滴法，其过程如图3-14所示，其胶量的多少由针头直径和贴片胶的黏度决定。在实际应用中，针式转印机采用在金属板上安装若干个针头的点胶针管矩阵组件，同时进行多点涂覆。点胶针管矩阵组件如图3-15所示。针式转移法可应用于手工施胶，也可采用自动化针式转印机进行自动施胶，自动针式转印机经常与高速贴片机配套组成生产线。

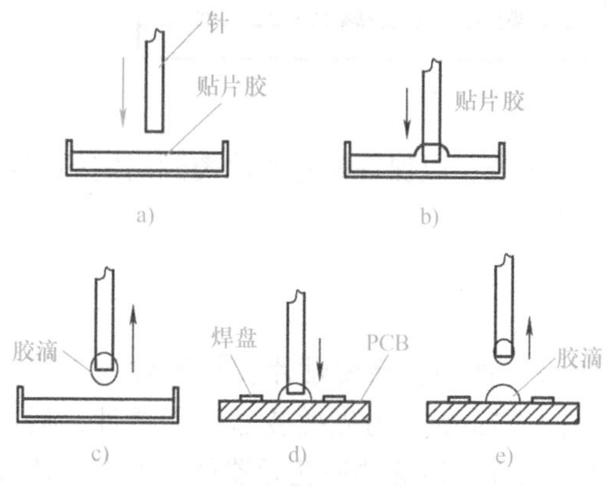

图3-14　针式转移法示意图

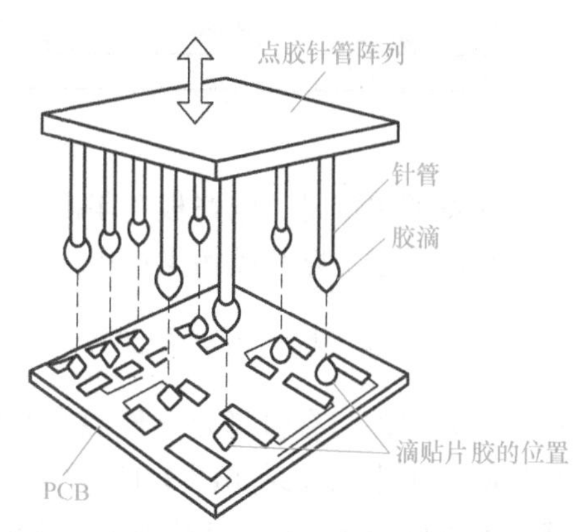

图3-15　点胶针管矩阵组件

这种方法的优点是所有胶点能一次点完，速度快，适合大批量生产，设备投资少。缺点是当PCB设计需要更改时针头位置改动困难；胶量控制精度不够，不适合在精度要求高的场合使用；胶槽为敞开系统，易混入杂质，影响胶的质量；对环境要求高，如温度、湿度等。还要特别注意，避免将胶涂到元器件的焊盘上导致焊接不良。

（2）分配器点涂法　分配器点涂是涂覆贴片胶最普遍采用的方法。先将贴片胶灌入分配器中，点涂时，从上面加压缩空气或用旋转机械泵加压，迫使贴片胶从针头排出并脱离针头，滴到PCB要求的位置上，从而实现贴片胶的涂覆。

分配器点涂法既可以手工操作，又能够使用设备自动完成，手工注射贴片胶，是把贴片胶装入分配器，靠手的推力把一定量的贴片胶从针管中挤出来。有经验的操作者可以准确地掌握注射到电路板上的胶量，取得很好的效果。使用设备时，在贴片胶装入分配器后，应排空分配器中的空气，避免胶量多少不均，甚至空点。另外，贴片胶的流变特性与温度有关，因此点涂时一般需要使贴片胶处于恒温状态。

（3）丝网/模板印刷法　用漏印的方法把贴片胶印刷到电路基板上，是一种成本低、效率高的方法，特别适用于元器件的密度不太高但生产批量比较大的情况，和印刷焊锡膏一样，可以使用不锈钢薄板（或薄铜板）制作的模板或采用丝网来漏印贴片胶。丝网/模板印刷法涂覆贴片胶的原理、过程及设备同焊锡膏印刷相类似。它通过镂空图形的丝网/模板，将贴片胶分配到PCB上，涂覆效果由胶的黏度及模板厚度来控制。这种方法简单快捷，精度比针式转移法高，涂覆过程如图3-16所示。

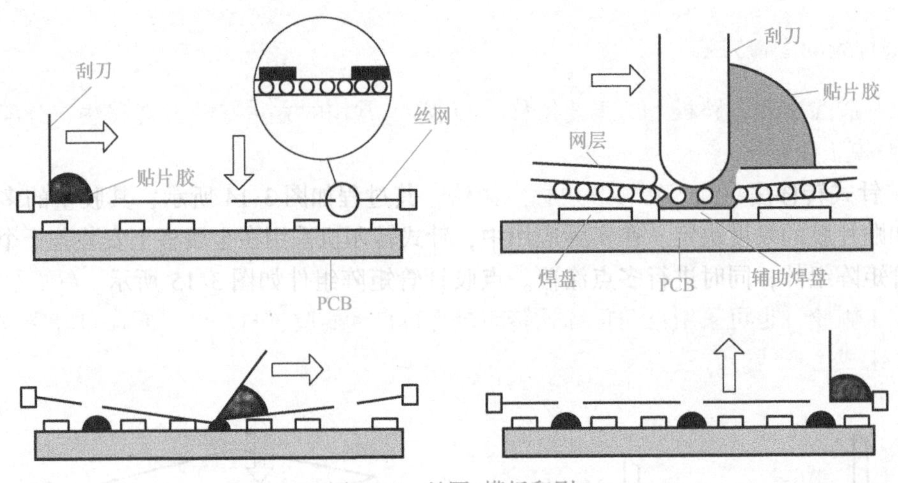

图3-16　丝网/模板印刷

需要注意的关键是，电路板在印刷机上必须准确定位，以保证贴片胶涂覆到指定的位置上，要特别注意避免贴片胶污染焊接面，影响焊接效果。

2. 装配流程中的贴片胶涂覆工序

在片状元器件与有引脚元器件混合装配的电路板生产中，涂覆贴片胶是重要的工序之一，它与前后工序的关系如图3-17所示，其中，图3-17a所示为先插装通孔元器件，后贴装片状元器件的方案。图3-17b所示为先贴装片状元器件，后插装通孔元器件的方案。比较这两个方案，后者更适合用自动生产线进行大批量生产。

3. 使用贴片胶的注意事项

（1）储存　购买的贴片胶应放于低温环境（0℃）中储存，并做好登记工作，注意生产日期和使用寿命（大批进货应检验合格后再入库）。

（2）使用　使用时应注意贴片胶的型号和黏度，根据当前产品的要求，并在室温下恢

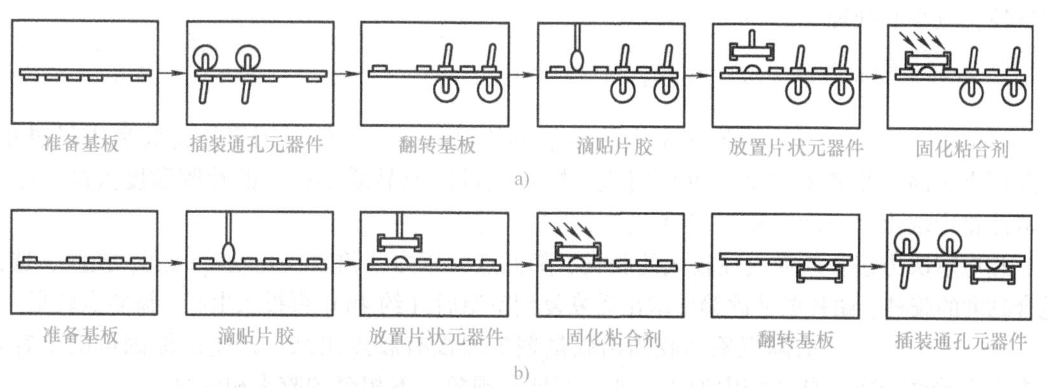

图 3-17　混合装配生产过程中的贴片胶涂覆工序

复 2 ~ 3h（大包装应为 4h 左右）方可投入使用，使用时注意跟踪首件产品，实际观察新换贴片胶各方面的性能。

对于通过光照固化和加热固化的两类贴片胶，其涂覆要求有所不同。一般光固型贴片胶的胶点位置应设在元器件外侧，因为贴片胶至少应该从元器件的下面露出一半，才能被光照射而实现固化，如图 3-18a 所示。胶点位置设在元器件外侧还兼顾到和焊盘的相对位置有所增大，也可以防止出现过大粘结而造成的维修困难。热固型贴片胶因为采用加热固化的方法，所以贴片胶可以完全被元器件覆盖，如图 3-18b 所示。

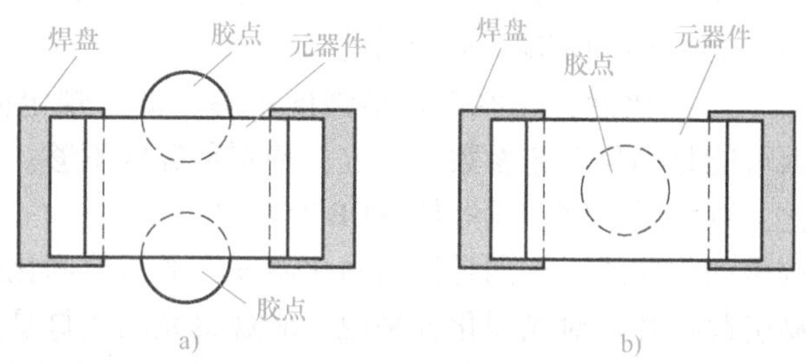

图 3-18　贴片胶的胶点位置

需要分装的，应该用清洁的注射管灌装，灌装不超过 2/3 体积并进行脱气泡处理。不要将不同型号、不同厂家的贴片胶互相混用，更换品种时，一切与贴片胶接触的工具都应彻底清洗干净。

（3）清洗　在生产中，特别是更换胶种或长时间使用后都应清洗注射筒等工具，特别是针嘴。通常应将针嘴等小型物品分类处理，金属针嘴应浸泡在广口瓶中，瓶内放专用清洗液（可由供应商提供）或丙酮、甲苯及其混合物（均有良好的清洗能力）并不断摇摆。注射筒等也可浸泡后用毛刷及时清洗，配合压缩空气、无纤维的纸布清洗干净。无水乙醇对未固化的贴片胶也有良好的清洗能力，且对环境无污染。

（4）返修　对需要返修的元器件（已固化），可用热风枪均匀地加热元器件，对已焊接好的元器件还要增加温度使焊接点也能熔化，并及时用镊子取下元器件，大型的 IC 需要维修站加热，去除元器件后仍应在热风枪配合下用小刀慢慢铲除残胶，千万不要将 PCB 铜条破坏，需要时重新点胶，用热风枪局部固化（应保证加热温度和时间），返修工作是很麻烦的事情，应小心处理。

4. 点胶工艺中常见的故障/缺陷与解决方法

（1）拉丝/拖尾　拉丝/拖尾是点胶中常见的缺陷，产生的原因可能是胶嘴内径过小、点胶压力过高、胶嘴离PCB的间距过大、贴片胶过期或品质不好、贴片胶黏度太高、贴片胶从冰箱中取出后未能恢复到室温、点胶量过大等。

相应解决方法：改换内径较大的胶嘴、降低点胶压力、调节“止动”高度、换胶、选择适合黏度的胶种、贴片胶从冰箱中取出后恢复到室温后（约4h）再投入生产、调整点胶量。

（2）胶嘴堵塞　故障现象是胶嘴出胶量偏少或没有胶点出来。产生的原因可能是针孔内未完全清洗干净；贴片胶中混入杂质，有堵孔现象；不相容的胶水相混合。

相应解决方法：换清洁的针头；换质量好的贴片胶；贴片胶牌号不要搞错。

（3）空打　现象是只有点胶动作，却无出胶量。产生的原因可能是贴片胶混入气泡；胶嘴堵塞。

相应解决方法：注射筒中的贴片胶应进行脱气泡处理（特别是自已装的贴片胶）；按胶嘴堵塞方法处理。

（4）元器件移位　贴片胶固化后元器件移位，严重时元器件引脚不在焊盘上。产生的原因可能是贴片胶出胶量不均匀，如片状元器件两点胶中一个多一个少；贴片时元器件移位或贴片胶初粘力小；点胶后PCB放置时间太长胶水半固化。

相应解决方法：检查胶嘴是否堵塞，排除出贴片胶不均匀现象；调整贴片机工作状态；更换贴片胶；点胶后PCB放置时间不应太长（小于4h）。

（5）波峰焊后会掉片　固化后，元器件粘结强度不够，低于规定值，有时用手触摸会出现掉片。产生的原因可能是固化工艺参数不到位，特别是温度不够；元器件尺寸过大，吸热量大；光固化灯老化，胶水量不够；元器件/PCB有污染。

相应解决办法：调整固化曲线，特别是提高固化温度；通常热固化胶的峰值固化温度很关键，达到峰值温度易引起掉片。对光固化胶来说，应观察光固化灯是否老化，灯管是否有发黑现象；胶水的数量和元器件/PCB是否有污染，这些都是应该考虑的问题。

（6）固化后元器件引脚上浮/移位　这种缺陷的现象是固化后的元器件引脚浮起来或移位，波峰焊后锡料会进入焊盘下，严重时会出现短路、开路。产生的原因可能是贴片胶不均匀、贴片胶量过多、贴片时元器件偏移。

相应解决办法：调整点胶工艺参数、控制点胶量、调整贴片工艺参数。

3.3 清洗剂

电路板在焊接以后，其表面或多或少会留有各种残留污物。为防止由于残留污物的腐蚀而引起电路失效，必须通过清洗将其去除。

焊接和清洗是对电路组件高可靠性具有深远影响的相互依赖的组装工艺。在SMT中，由于所用元器件体积小、贴装密度高、间距小，当助焊剂残留物或其他杂质存留在电路板表面或空隙中时，会因离子污染或侵蚀而造成电路断路或短路。因此，清洗显得更为重要。用于清洗的材料称为清洗剂。

3.3.1 清洗技术的分类

根据清洗介质的不同，清洗技术有溶剂清洗和水清洗两大类；根据清洗工艺和设备不同，清洗技术又可分为批量式（间隙式）清洗和连续式清洗两种类型；根据清洗方法不同，清洗技术还可以分为高电压喷洗清洗、超声波清洗等几种形式。对应于不同的清洗技术，有不同的清洗设备系统，可根据不同的应用和产量的要求选择相应的清洗技术和设备。

3.3.2 清洗剂的化学组成

从清洗剂的特点考虑，选择 CFC－113（三氟三氯乙烷）和甲基氯仿作为清洗剂的主体材料比较适宜。但由于纯 CFC－113 和甲基氯仿在室温（尤其在高温条件下）能和活泼金属反应，因而影响了使用和储存的稳定性。

为改善清洗效果，常常在 CFC－113 和甲基氯仿清洗剂中加入低级醇，如甲醇、乙醇等，但醇的加入会带来一些副作用：一方面，CFC－113 和甲基氯仿易与酮醇反应，在有金属共存时更加显著；另一方面，低级醇中带入的水分还会引起水解反应，由此产生的 HCl 具有强腐蚀性。因此，在 CFC－113 和甲基氯仿中加入各类稳定剂显得十分重要。CFC－113 清洗剂中常用的稳定剂有乙醇酯、丙烯酸酯、硝基烷烃、缩水甘油、炔醇、N－甲基吗啉、环氧烷类化合物。

3.3.3 清洗剂的选择

早期采用的清洗剂有乙醇、丙酮、三氯乙烯等，现在广泛应用的是以 CFC－113 和甲基氯仿为主体的两大类清洗剂。但它们对大气臭氧层有破坏作用，现已开发出 CFC 的替代产品。一般说来，一种性能良好的清洗剂应当具有以下特点：

1）脱脂效率高，对油脂、松香及其他树脂有较强的溶解能力。

2）表面张力小，具有较好的润湿性。

3）对金属材料不腐蚀，对高分子材料不溶解、不溶胀，不会损坏元器件和标记。

4）易挥发，在室温下即能从电路板上除去。

5）不燃、不爆、低毒性，利于安全操作，也不会对人体造成危害。

6）残留量低，清洗剂本身也不污染电路板。

7）稳定性好，在清洗过程中不会发生化学或物理作用，并具有储存稳定性。

清除极性和非极性残留污物，要使用清洗溶剂。清洗溶剂分为极性和非极性溶剂两大类。极性溶剂包括酒精、水等，可以用来清除极性残留污物；非极性溶剂包括氯化物和氟化物两种，如三氯乙烷、F－113 等，可以用来清除非极性残留污物。由于大多数残留污物是非极性和极性物质的混合物，所以，实际应用中通常使用非极性和极性溶剂混合后的溶剂进行清洗，混合溶剂由两种或多种溶剂组成。混合溶剂能直接从市场上购买，产品说明书会说明其特点和适用范围。

选择溶剂，除了应该考虑与残留污物类型相匹配以外，还要考虑一些其他因素：去污能力、性能、与设备和元器件的兼容性、经济性和环保要求等。

本章小结

表面组装工艺材料主要有焊锡膏、贴片胶和清洗剂。

表面组装工艺中，需要进行焊锡膏的涂覆，焊锡膏涂覆的三大要素是焊锡膏、漏印模板和印刷机。其中，焊锡膏又称焊膏、锡膏，是由合金粉末、糊状焊剂和一些添加剂混合而成的具有一定黏性和良好触变特性的浆料或膏状体。它是 SMT 工艺中不可缺少的焊接材料，被广泛用于再流焊中。漏印模板的作用是将焊锡膏以一定的形状和厚度转移到 PCB 焊盘上，为后续元器件贴装和再流焊接工序做准备。

贴片胶的作用就在于能保证元器件牢固地粘在 PCB 上，并在焊接时不会脱落，一旦焊接完成，虽然它的功能失去了，但却永远地保留在 PCB 上。若在贴片胶涂覆过程中，不小心涂到了焊盘上，会影响其电气连接。贴片胶按基体材料可分为环氧型贴片胶和丙烯酸类贴片胶两大类。把贴片胶涂覆到电路板上的工艺俗称“点胶”。常用的方法有针式转移法、分配器点涂法和丝网/模板印刷法。

电路板在焊接完成后，其表面或多或少会留有各种残留污物。为防止因残留污物的腐蚀而引起电路失效，必须通过清洗剂将其去除。根据清洗介质的不同，清洗技术分为溶剂清洗和水清洗两大类；根据清洗工艺和设备不同，清洗技术又可分为批量式（间隙式）清洗和连续式清洗两种类型；根据清洗方法不同，清洗技术还可以分为高电压喷洗清洗、超声波清洗等几种形式。

思 考 题

3-1　焊锡膏主要由哪些成分组成？简述常用焊锡膏的分类。

3-2　表面组装技术对焊锡膏的高质量有哪些要求？

3-3　简述焊锡膏印刷模板的种类、结构与特点。

3-4　如何确定模板窗口的形状和尺寸？

3-5　焊锡膏印刷中经常出现哪些缺陷？产生的原因是什么？如何解决？

3-6　常用贴片胶有哪些？简述每种类型的组成成分。

3-7　表面组装对贴片胶有哪些要求？

3-8　使用贴片胶时要注意哪些事项？

3-9　贴片胶的涂覆方法有几种？各有什么特点？

3-10　点胶工艺中常见的故障/缺陷有哪些？如何解决？

3-11　性能良好的清洗剂应具有哪些特点？

第4章 静电及其防护

随着超大规模集成电路和微型器件的大量生产和广泛应用，元器件集成度提高，尺寸进一步变小，芯片内部的栅氧化膜更薄，致使元器件承受静电放电的能力下降。

摩擦起电、人体静电已成为电子工业中的两大危害。在电子产品的生产中，从元器件的预处理、贴装、焊接、清洗、测试直到包装，都有可能因静电放电而造成元器件的损害，因此静电防护显得越来越重要。

4.1 静电概述

4.1.1 静电的概念

静电，即静止不动的电荷。也就是说，当电荷积聚不动时，这种电荷就称为静电。

静电是一种电能，它存在于物体表面，是正负电荷在局部失衡时产生的一种现象。静电现象是指电荷在产生与消失过程中所表现出的现象的总称，如摩擦起电就是一种静电现象。当两个物体互相摩擦时，一个物体中的一部分电子会转移到另一个物体上，于是这个物体失去了电子，并带上“正电荷”，另一个物体得到电子并带上“负电荷”。电荷不能被创造，也不能消失，它只能从一个物体转移到另一个物体。

防静电的基本概念就是防止产生静电荷或迅速而可靠地消除已经存在静电荷。为了弄清哪些地方可能会产生静电，首先应知道静电产生的原因。

4.1.2 静电的产生

除了摩擦会产生静电外，接触、高速运动/冲流、温度、压电效应、电解也会产生静电。

1. 接触摩擦起电

除了不同物质之间的接触摩擦会产生静电外，在相同物质之间也会发生，例如，当把两块密切接触的塑料分开时能产生高达10kV以上的静电，有时干燥的环境中当人快速在桌面上拿起一本书时，书的表面也会产生静电。几乎常见的非金属和金属之间的接触分离均产生静电，这也是最常见的产生静电的原因之一。静电能量除了取决于物质本身外，还与材料表面的清洁程度、环境条件、接触压力、光洁程度、表面大小、摩擦分离速度等有关。

2. 剥离带电

当相互密切结合的物体被剥离时，会引起电荷的分离，出现分离物体双方带电的现象，称为剥离带电。剥离带电根据不同的接触面积、接触面积的黏着力和剥离速度而产生不同的静电量。

3. 断裂带电

材料因机械破裂使带电粒子分开，断裂为两半后的材料上各带等量的异性电荷。

4. 高速运动中的物体带电

高速运动的物体，其表面会因与空气的摩擦而带电。最典型的案例是高速贴片机贴片过程中因元器件的快速运动而产生静电，其静电压在600V左右。特别是贴片机的工作环境通常湿度相对较低，元器件因高速运动会产生静电，这对于CMOS器件来说，有时是一个不小的威胁，而且人们往往并没有重视它。与运动有关的还有如清洗过程中，有些溶剂在高电压喷淋过程中也会产生静电。此外，温度、压电效应及电解均会产生不同程度的静电现象。

4.1.3 静电放电的危害

电子工业中，摩擦起电和人体带电时有发生，电子产品在生产、包装运输及装联成整机的加工、调试、检测的过程中，难免会受到外界或自身的接触摩擦而形成很高的表面电位。如果操作者不采取静电防护措施，人体静电电位可高达1.5～3kV。因此无论摩擦起电还是人体静电，均会对静电敏感器件造成损坏。根据静电的力学和放电效应，其静电损坏大体上分为两类：一类是由静电引起的静电吸附，另一类是由静电放电引起的静电敏感器件的击穿（静电击穿和软击穿）。

1. 静电吸附

半导体和半导体器件制造过程中广泛采用SiO_2及高分子物质的材料，由于它们的高绝缘性，在生产过程中易积聚很高的静电，并易吸附空气中的带电微粒，导致半导体介面击穿、失效。为了防止危害，半导体和半导体器件的制造必须在洁净室内进行。同时，洁净室的墙壁、顶棚、地板和操作人员及一切工具、器具均应采取防静电措施。

2. 静电击穿和软击穿

超大规模集成电路的集成度高、输入阻抗高，这类器件受静电的损害越来越明显。在生产中，人们又常把对静电反应敏感的电子器件称为静电敏感器件（Static Sensitive Device，SSD）。这类电子器件主要是指超大规模集成电路，特别是金属氧化膜半导体（MOS）器件，受静电击穿的概率更高。

静电放电对静电敏感器件的损害主要表现为以下两个方面：

1）硬击穿：一次性造成整个器件的失效和损坏。

2）软击穿：造成器件的局部损伤，降低了器件的技术性能，而留下不易被发现的隐患，以致设备不能正常工作。软击穿带来的危害有时比硬击穿更危险，软击穿初期器件性能稍有下降，在使用过程中，随着时间的推移，发展为器件的永久性失效，并导致设备受损。

静电导致器件失效的机理大致有以下两个原因：因静电电压而造成的损害，主要有介质击穿、表面击穿和气弧放电；因静电功率而造成的损害，主要有热二次击穿、体积击穿和金属喷镀熔融。

4.2 静电防护

在现代化电子工业生产中，一般情况下不产生静电是不可能的，但产生静电并非危害所在，真正的危险在于静电的积聚，以及由此而产生的静电放电。因此，静电积聚的控制和静电泄放尤为重要。

4.2.1 静电防护方法

在电子产品生产过程中，对 SSD 进行静电防护的基本原则有两个：一是对可能产生静电的地方要防止静电的积聚，即采取一定的措施，减小高电压静电放电带来的危害，使之边产生边“泄放”，以消除静电的积聚，并控制在一个安全范围之内；二是迅速、安全、有效地消除已经产生的静电荷，即对已存在的静电荷积聚采取措施，使之迅速地消散掉，即时“泄放”。

因此，电子产品生产中静电防护的核心是“静电消除”。当然这里的“消除”并非指“一点不存在”，而是控制在最小限度之内。

1. 生产线内的防静电设施

电子整机生产作业过程中的静电防护是一个系统工程，SMT 车间首先应建立和检查防静电的基础工程，如地线与地垫及台垫、环境的抗静电工程等。因为一旦设备进入车间，若发现环境不符合要求而重新整改，则会带来很大麻烦。基础工程建好后，若是长线产品的专用场地，则应根据长线产品的防静电要求配置防静电装备；若是多品种产品，则应根据最高等级的防静电要求配置防静电装备。

（1）防静电工作区场地　生产线内的防静电区域禁止直接使用木质地板或铺设毛、麻、化纤地毯及普通地板革，应选用由静电导体材料构成的地面，如防静电活动地板或在普通地面上铺设防静电地垫，并有效接地。

防静电区域内的顶棚材料应选用抗静电型制品，一般情况下允许使用石膏板制品，禁止使用普通塑料制品。墙壁面料应使用抗静电型墙纸，一般情况下允许使用石膏涂料或石灰涂料墙面，禁止使用普通墙纸及塑料墙纸。

生产线内的防静电设施应有独立地线，并与防雷线分开；地线可靠，并有完整的静电泄漏系统，车间内保持恒温、恒湿的环境，一般温度控制在 (25 ±2)℃，相对湿度为 65% ± 5%；入门处配有离子风，防静电工作区应标明区域界限，并在明显处悬挂警示标志，警示标志应符合《电子产品防静电放电控制大纲》（GJB 1649—1993）的规定，工作区入口处应配置离子化空气风浴设备。防静电警示标志如图 4-1 所示。

图 4-2 所示为 GJB 1649—1993 规定的防静电标志，图 4-2a 所示标志是对 ESD（静电放电）敏感的符号，呈三角形，里面画有一只被拉一道痕的手，用来表示该物体对 ESD 引起的伤害十分敏感。图 4-2b 所示标志是对 ESD 防护的符号，它和敏感符号的区别是在三角形

外面围着一段弧圈，三角形内手上的那道痕没有了，用来表示该物体经过专门设计，具有静电防护能力。

图 4-1　防静电警示标志

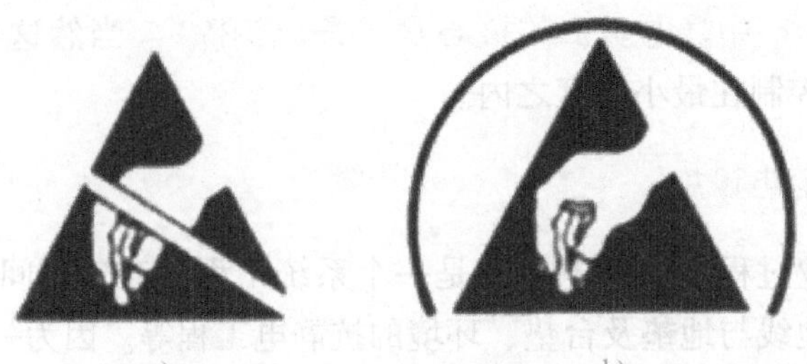

图 4-2　防静电标志

防静电标志可以贴在设备、器件、组件及包装上，以提示人们在对这些东西进行操作时，可能会遇到静电放电或静电过载的危险。通过防静电标志可以识别哪些是 ESD 敏感物，哪些具有 ESD 防护能力，在操作时一定要分别对待。

需要提醒的是，没有贴标志的器件，不一定说明它对 ESD 不敏感。在对组件的 ESD 敏感性存有怀疑时，必须将其当作 ESD 敏感器件处置，直到能够确定其属性为止。

(2) 生产过程的防静电

1) 车间外的接地系统每年检测一次，电阻要求在 2Ω 以下，改线时需要重新测试。地毯/板、桌垫接地系统每 6 个月测试一次，要求接地电阻为零。检测机器与地线之间的电阻时，要求电阻为 1MΩ，并做好检测记录。一般生产线中推荐的防静电工作台接地方法如图 4-3 所示。

2) 车间内的温度、湿度每天测两次，并做有效记录，以确保生产区恒温、恒湿。

3) 任何人员（操作人员、参观人员）进入生产车间之前必须穿好防静电工作服、防静电鞋。对于直接接触 PCB 的操作人员，要戴防静电腕带并要求戴腕带的操作人员，每天上、下午上班前各测试一次，以保证腕带与人体接触良好。同时，每天安排工艺人员监督检查，必要时对员工进行防静电方面的知识培训和现场管理。

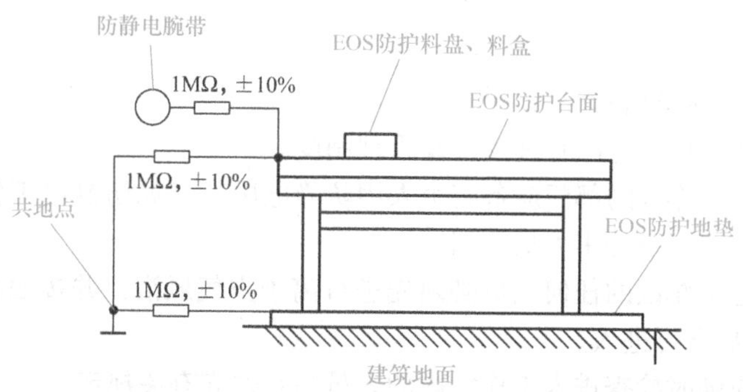

图 4-3　防静电工作台接地方法

4）贴装过程中，需要手拿 PCB 时，规定只能拿在 PCB 边缘无电子元器件处，而不能直接接触电子元器件引脚或导电条。贴装后的 PCB 必须装在防静电塑料袋中，然后放在防静电周转箱中，方可运到安装区。安装时，要求一次拿一块 PCB，不允许一次拿多块 PCB。

5）返工操作，必须将要修理的 PCB 放在防静电盒中，再拿到返修工位。修理过程中应严格注意工具的防静电，修理后还要用离子风机中和，方可测试。在手工焊接时，应采用防静电低压恒温电烙铁。对 GJB 1649—1993 规定的 I 类 SSD 的焊接，还应在拔掉电烙铁电源插头后进行。

（3）SSD 的存储　元器件库房必须是静电安全工作区，库房管理人员应掌握 SSD 的一般保护常识，拒绝接收未包装在静电防护容器里的 SSD；工作时穿防静电工作服、防静电工作鞋、厚袜子（或垫鞋垫），在防静电工作台面工作。

SSD 应原包装存放，需要拆开时应严格按防静电要求处理，SSD 入库、出库都必须装在防静电包装内，并遵守基本操作规程。禁止重复使用器件包装管包装 SSD。

SSD 在转到生产部门的过程中要放在防静电周转箱中，直至移动到生产区。任何场合下均不允许有未采取防静电措施的人员接触 SSD 及其零部件。

（4）其他部门的防静电要求

1）设计部门。设计人员应熟悉 SSD 种类、型号、技术性能及防护要求，应尽量选用带静电保护的 IC。在电路设计时应考虑静电抑制技术的应用，如静电屏蔽接地技术等。编制含有 SSD 的设计文件中，必须有警示符号。

涉及的主要设计文件有：使用说明书（用户手册）、技术说明书、明细表、PCB 图（引出端头处理）、装配图和调试、检验说明（包括 SSD 进厂检验）。

2）工艺部门。对设计文件进行工艺性审查时，应审查上述文件的有关内容。编制防静电工程的专用工艺文件、指导性文件及有关制度，提出并检查所需要的防静电器材的齐配性。负责指导装配车间对防静电器材的应用及注意事项。

3）物资部门。对外购件汇总表中的有关 SSD 应会同设计、工艺部门共同选定生产厂家。供货时应明确 SSD 的包装，以及运输过程中的防静电要求。

4）检验部门。检查 SSD 的包装是否完整。SSD 的测试、老化筛选应在静电安全区进行，操作人员应穿防静电工作服和防静电鞋。

2. 管理与维护

（1）防静电工作区的管理

1）防静电工作区应有专门管理人员及管理制度。

2）设有防静电工作区的部门应备有个人用防静电用品（如防静电工作服、防静电工作鞋、防静电腕带等），以备外来人员使用。

3）进入防静电工作区的任何人员必须先进行离子空气风浴，并接触静电放电设施，经静电安全检查合格后方可进入。

4）管理人员应随时检查进入工作区内的人员是否遵守有关规定。

（2）防静电设施的维护检查

1）防静电工作区总体效果检查：

① 防静电工作区总体效果由硬件（区内防静电设施）及软件（防静电操作）共同保证。

② 操作人员在工作区内进行正常操作时，用静电电压表检查各处及各种情况下的静电电压值（一般应小于100V），特殊要求情况下，静电电压值小于25V。

2）操作人员进行的日常检查：

① 防静电腕带与连线及防静电桌垫的接触应可靠，桌垫接地线和地垫接地线应完好且与地线连接可靠。

② 离子风静电消除器工作时，把手放在其窗口前应有微风感觉。

③ 以上两项检查应在每次正式操作前进行。

3）维护管理人员进行的定期检查（电气性能检查）：

① 防静电腕带的防静电性能每周检查一次，如果配备有腕带监视器，则可随时检查；

② 桌垫和地垫的接地性能每周检查一次。

③ 离子风静电消除器性能每月检查一次。

④ 材料的防静电性能6个月检查一次。

⑤ 防静电元器件架、印制板架、周转箱、元器件袋等的防静电性能每6个月检查一次。

（3）防静电教育

1）对工作中与SSD有关的人员必须经常进行防静电知识、防静电操作的教育及训练。

2）防静电教育的内容应包括静电的产生、静电放电原因及其产生的危害，静电安全工作台的组成，防静电工艺技术，防护包装及防静电操作规程等。

3）防静电教育必须列入操作人员上岗培训教育及考核内容之中。

总之，静电防护工程在电子装配行业中越来越重要，特别是它的涉及面广，是一项系统工程，某一个环节的失误都会导致不可挽回的损失。

因此，首先要抓好人的教育，使各级人员认识到它的重要性，培训合格后方能上岗操作；同时，也要明确防静电的工艺纪律和管理，完善防静电设施，把握好每个环节，切实做好SMT生产中的防静电工作。表4-1为电子产品生产行业中常见的防静电检查表。

表 4-1　防静电检查表

防静电检查表			
检查部门： 编制： 审核： 检查日期：			
	确认项目	结果	备注
工厂环境	接地施工时设备接地与静电接地分开，是否有每年一次确认接地电阻		
	设备用的地线是否与人体用地线分离（防止触电）		
	人体用地线是否在接地点与专用接地或设备用地线连接		
	A 级防静电作业场所的相对湿度是否保持在 45%～75%		
作业环境	作业地面是否铺设了导电胶皮		
	导电胶皮的接地连接点是否固定稳妥		
	作业台面上是否铺设了防静电胶皮且与人体用地线连接		
	搬运车是否用链子或导电轮与地面接触		
	搬运车各层是否铺设了导电胶皮或采取了接地措施		
	搬运车搬运用通路是否已经做了防静电策略		
	A 级防静电作业场所椅子是否是防静电椅子或已防静电接地		
作业员	是否穿了防静电工作服		
	护腕、围裙、帽子等穿戴物是否有防静电措施		
	是否穿戴了防静电腕带		
	防静电腕带是否与人体用地线接地		
	防静电腕带是否接有保护人体用的 1MΩ 电阻		
	防静电腕带的金属部分是否与人体皮肤接触		
	是否穿戴防静电工作鞋		
	穿防静电工作鞋的时候，是否穿了厚袜子或垫鞋垫（导电性下降）		
	是否按规定使皮肤接触到静电测试仪器的金属面上		
零部件仓库	静电测试仪器的金属脚是否接触到地面		
	周转箱是否使用了导电性材料		
	周转箱下面是否接地		
	基板和基板之间的隔板是否使用了防静电材料		
	半导体保管箱是否使用了防静电材料且接地		
	半导体放置架是否铺设了防静电胶皮		
	半导体是否放置在防静电盒中		
	半导体防静电盒是否放入到防静电袋子中		
	将半导体从防静电盒中拿出时是否佩戴了防静电腕带		
	半导体的保管状态是否使用了导电海绵及导电性袋子		
	半导体保管场所是否与塑料袋、发泡胶等带电物隔离		
	架子的防静电胶皮是否接地（与设备用地线连接）		
	IC 胶卷盒是否接地		

4.2.2　常用静电防护器材

电子产品生产过程中使用的防静电器材可归纳为人体静电防护系统、防静电地坪、防静电操作系统和静电去除系统。

1. 人体静电防护系统

人体静电防护系统包括防静电的腕带、工作服、鞋袜、帽、手套等，这种整体的防护系统兼具静电泄漏与屏蔽功能，如图4-4所示。图4-5所示为工人操作时佩戴的防静电腕带和腕带插座。

图4-4　人体静电防护系统

图4-5　防静电腕带和腕带插座

进入防静电工作区或接触SSD的人员应穿防静电工作服，进入防静电工作区或接触SSD的人员应穿防静电工作鞋，防静电工作鞋应符合《个体防护装备　职业鞋》（GB 21146—2007的有关规定。一般情况下允许穿普通鞋，但应同时使用导电鞋束或脚跟带。

2. 防静电地坪

防静电地坪的目的是有效地将人体静电通过地面尽快泄放到大地，特别是因移动操作而不宜使用防静电腕带的人体静电。同时，它也能泄放设备、工装上的静电。地面防静电性能参数的确定，既要保证在较短的时间内将静电电压降至100V以下，又要保证人员的安全，系统电阻应控制在$10^5 \sim 10^8 \Omega$之间。

有关防静电地坪的材料铺设方法及验收标准参见《电子产品制造与应用系统防静电检测通用规范》（SJ/T 10694—2006）的相关要求。

3. 防静电操作系统

防静电操作系统是指各工序经常会与元器件、组件成品发生接触、分离或摩擦作用的工作台面、生产线体、工具、包装袋、储运车及清洗液等。由于构成上述操作系统所用的材料均是高绝缘的橡胶、塑料、织物、木材，极易在生产过程中产生静电，所以都应进行防静电处理，即操作系统应具备防静电功能。

防静电操作系统的组成如下：

(1) 防静电台垫　操作台面均设有防静电台垫，表面电阻为 $10^5 \sim 10^9\Omega$，并通过 $1\text{M}\Omega$ 电阻与地相接，周转箱、盒等一切容器应用防静电材料制作，并贴有防静电标志。

(2) 防静电包装袋　一切包装电路板或元器件的塑料袋均应为防静电包装袋。表面电阻为 $10^5 \sim 10^9\Omega$，在将电路板放入或拿出袋中时，人手应戴防静电腕带。

(3) 防静电物流车　用于运送元器件、组件的专用物流车，应具备防静电功能，特别是物流车的橡胶轮，应采用防静电橡胶轮，表面电阻为 $10^5 \sim 10^9\Omega$。

(4) 防静电工具　特别是电烙铁、吸锡枪等应具有防静电功能，通常电烙铁应在欠电压下操作（24/36V），烙铁头应良好接地。

总之，一切与电路板或元器件相接触的物体，包括高速运动的空间，都应有防静电措施。特别是 SMT 高速贴片过程中，元器件的高速运行会导致静电的升高，对 SSD 会产生影响。防静电的操作系统应符合《电子产品制造与应用系统防静电检测通用规范》（SJ/T 10694—2006）的要求。

4. 静电去除系统

一般使用离子风机去除静电，离子风机可以产生正、负离子以中和静电源的静电，用于那些无法通过接地来泄放静电的场所，如空间、贴片机头附近，使用离子风机去除静电通常有良好的防静电效果，如图 4-6 所示。

图 4-6　离子风机

4.3 案例分析

众所周知，SMT 车间是电子产品的加工车间，因此必须要对防静电提出相应的要求，这是因为静电放电对元器件的危害是不容忽视的。统计资料显示，全世界每天电子产品因静电损害造成的经济损失可能达百万美元以上，一年约 50 亿美元。一个具有代表性的大型 CMOS 器件制造厂产品出厂后前 7 个月因质量问题而退厂的器件中有 28% 与静电损害直接有关，占故障率的首位。由此可见，静电放电的危害是非常大的，又由于静电放电对电子产品的损害具有隐蔽性、潜在性、损伤随机性和失效分析复杂性的特点。所以，在 SMT 车间采取有效的静电防护措施，减少静电放电对产品的损害是非常有必要的。那么对于整个 SMT 车间来说，完整的防静电体系包括哪些内容呢？下面就结合实际案例，来和大家探讨一下这方面的问题。

案例描述如下：

1. 目前SMT车间防静电体系情况

(1) 软件管理部分　某客户针对自己公司的要求，制定出相应的防静电规章制度和各个工位的操作规程，同时，在产品的存放和运输过程中也有相应的防静电要求文件。

(2) 硬件设施部分　SMT车间地板采用的是防静电聚氯乙烯（PVC）地板，能够满足目前车间内对地板的防静电要求。生产线上各个工位都有相应的静电接口并接入到整个SMT车间的防静电系统中。在SMT车间的门口处有专门用于人员更换防静电衣服的场所和衣柜，车间内的操作人员衣着方面，有统一的防静电服、防静电手套，各个工位没有防静电腕带。仓库中，原材料使用SMT材料的专用料柜进行存放，采取了相应的防静电措施。生产后的成品及半成品使用防静电周转箱进行存放。搬运过程中，采用物料小车，小车未用防静电胶皮和导线将产生的静电导入大地。生产线上的散料用普通小盒存放，未采取任何防静电措施。印刷工位处，将拆封后的PCB采用防静电周转箱进行存放，各个工作台使用防静电垫。整个车间的操作人员每天不做防静电腕带测试，也没有相关的记录表。SMT车间有两个温湿度计，每2h确认一次温湿度情况并在记录表中。目前温度的要求控制范围为（25±2)℃，相对湿度的要求控制范围为65%±5%。

2. 客户的要求

按照SMT车间防静电系统的要求，对目前防静电系统的情况进行改善，使其能够建立起完整的SMT防静电体系，达到SMT车间的防静电要求。

本 章 小 结

本章首先介绍了静电的概念，然后阐述了静电的产生方式：摩擦起电、剥离带电、断裂带电以及高速运动中的物体带电。介绍了人体静电的产生及其方式，并阐述了静电的危害以及静电的防护原理。最后介绍了ESD的防护器材，并给出了静电的各项防护措施。

思　考　题

4-1　除了摩擦会产生静电外，还有哪些因素也会产生静电？

4-2　静电放电（ESD）对电子工业的危害有哪些？

4-3　简述电子工业中的静电防护方法。

4-4　人体静电防护系统所用的器材有哪些？

4-5　SMT生产中的静电防护应采取哪些措施？

4-6　防静电的管理与维护包括哪些内容？

第 5 章　5S 管理与 SMT 生产工艺文件

5.1　5S 管理

5.1.1　5S 管理基础

1. 5S 的概念

5S 是指整理（Seiri）、整顿（Seiton）、清扫（Seiso）、清洁（Seiketsu）、素养（Shitsuke）5 个词语的第一个字母“S”。

（1）整理　将工作场所内的物品分类，并把不要的物品坚决清理掉。将工作场所的物品区分为以下几种：

1）经常用的：放置在工作场所容易取到的位置，以便随手可以取到。

2）不经常用的：储存在专有的固定位置。

3）不再使用的：清除掉。

整理的目的是腾出更大的空间，防止物品混用、误用，创造一个干净的工作场所。软件的整理也不能忽视。

（2）整顿　把有用的物品按规定分类摆放好，并做好适当的标志，杜绝乱堆乱放、物品混淆不清、该找的东西找不到等无序现象的发生，以便使工作场所一目了然，从而创造一个整齐明快的工作环境，减少寻找物品的时间，消除过多的积压物品。整顿的方法如下：

1）对放置物品的场所按物品使用频率进行合理规划，如经常使用物品区、不常使用物品区、废品区等。

2）将物品在上述场所中分类摆放整齐。

3）对这些物品在显著位置做好适当的标志。

（3）清扫　将工作场所内所有的区域，工作时使用的仪器、设备、工模夹治具、模具、材料等清扫干净，使工作场所保持干净、宽敞、明亮。其目的是维护生产安全、减少工业灾害、保证品质。清扫的方法如下：

1）清扫地面、墙上、顶棚上的所有物品。

2）对仪器设备、工模夹治具等进行清理、润滑，对破损的物品进行修理。

3）防止污染，对水源污染、噪声污染进行治理。

（4）清洁　经常性地做整理、整顿和清扫工作，并对以上三项进行定期或不定期的监督检查。方法如下：

1）确定 5S 工作责任人，负责相关的 5S 责任事项。

2）每天上下班花 3 ~ 5min 做好 5S 工作。

3）经常性地进行自我检查、相互检查、专职定期或不定期检查等。

（5）素养　每个员工都应养成良好的素养，遵守规则，积极主动。

1）遵守作息时间。

2）工作时精神饱满。

3）仪表整齐。

4）保持环境的清洁等。

2. 5S之间的关系

整理、整顿、清扫、清洁、素养，5S之间并不是各自独立、互不相关的，它们之间是一种相辅相成、缺一不可的关系。

整理是整顿的基础，整顿又是整理的巩固，清扫是显现整理、整顿的效果，而通过清洁和素养，则可以使企业形成一个整体的和善气氛。

5S之间的关系可以用如下几句口诀来表达：

只有整理没有整顿，物品真难找得到，
只有整顿没有整理，无法取舍乱糟糟，
只有整理、整顿没清扫，物品使用不可靠，
5S之效果怎保证，清洁出来献一招，
标准作业练素养，公司管理水平高。

3. 5S的作用

（1）提升公司形象　整洁的工作环境、饱满的工作情绪、有序的管理方法，能使顾客对公司有充分的信心，容易吸引顾客。5S做得好，原来的顾客会不断地免费进行宣传，从而吸引更多的新顾客。在顾客、同行、员工的亲朋好友中相传，可以产生吸引力，从而吸引更多的优秀人才加入公司。

（2）营造团队精神，创造良好的企业文化，加强员工的归属感　共同的目标可以拉近员工的距离、建立团队感情，也容易带动员工努力上进的思想。当员工看到了实施5S的良好效果后，员工对自己的工作就会有一定的成就感。员工们养成了良好的素养，就容易塑造良好的企业文化。

（3）减少浪费

1）经常习惯性地整理、整顿，不需要专职整理人员，减少人力。

2）对物品进行规划分区、分类摆放，减少场所的浪费。

3）物品分区分类摆放，标志清楚，找物品的时间短，节约时间。

4）减少人力、减少场所、节约时间就是降低成本。

（4）保障品质　工作养成认真的习惯，做任何事情都一丝不苟、不马虎，品质自然有保障。

（5）改善情绪　清洁、整齐、优美的环境可以带来美好的心情，员工工作起来会更认真。上级、同事、下级谈吐有礼、举止文明，会给员工一种被尊重的感觉，使其容易融入这种大家庭的氛围中。

（6）有安全上的保障　工作场所宽敞明亮、通道畅通，地上不会随意摆放、丢弃物品，

墙上不悬挂危险品，这些都会使员工人身、企业财产得到相应的保障。

（7）提高效率　工作环境优美、工作氛围融洽，工作自然得心应手。物品摆放整齐、不用花时间寻找，工作效率自然得到提高。

5.1.2　5S 管理的实施

1. 5S 管理实施办法

5S 管理的具体实施办法主要有以下几点：

（1）整理方面　区分需要使用和不需要使用的物品，主要有：工作区及货仓的物品；办公桌、文件柜的物品、文件、资料等；生产现场的物品。

整理方法：经常使用的物品放置于工作场所近处；不经常使用的物品放置于储存室或货仓；不能用或不再使用的物品做废弃处理。

（2）整顿方面　清理掉无用的物品后，将有用物品分区分类定点摆放好，并做好相应的标志。

整顿方法：清理无用品，腾出空间，规划场所；规划放置方法；物品摆放整齐；给物品贴上相应的标志。

（3）清扫方面　将工作场所打扫干净，防止污染源污染。

清扫方法：将地面、墙上、顶棚等处打扫干净；将机器设备、工模夹治具清理干净；将有污染的水渠、污油管、噪声源处理好。

（4）清洁方面　保持整理、整顿、清扫的成果，并加以监督检查。

（5）素养方面　人人养成遵守 5S 的习惯，时时刻刻记住 5S 规范，建立良好的企业文化，使 5S 活动更注重于实质，而不流于形式。

2. 实施 5S 管理的主要手段

实施 5S 管理的主要手段有查检表、红色标签战略和目视管理三种。

（1）查检表　根据不同的场所制定不同的查检表，即不同的 5S 操作规范，如车间查检表、货仓查检表、厂区查检表、办公室查检表、宿舍查检表、餐厅查表等。通过查检表进行定期或不定期的检查，发现问题，及时采取纠正措施。

（2）红色标签战略　制作一批红色标签，其上的不合格项有整理不合格、整顿不合格、清洁不合格。红色标签配合查检表一起使用，对 5S 管理实施不合格物品贴上红色标签，限期改正，并且做记录。公司内分部门，部门内分个人，分别绘制“红色标签比例图”，时刻起警示作用。

（3）目视管理　目视管理即一看便知、一眼就能识别，在 5S 实施上运用的效果也不错。

3. 5S 规范表

（1）车间规范表　车间规范表见表 5-1。

表 5-1 车间规范表

序列	项目	规 范 内 容
1	整理	(1) 把永远不用及不能用的物品清理掉 (2) 把一个月以上不用的物品放置在指定位置 (3) 把一周内要用的物品放置到近工作区并摆放好 (4) 把三日内要用的物品放置到容易取到的位置
2	整顿	(1) 对工作区、物品放置区、通道位置进行规划并做明显标记，物品放置要有合理规划 (2) 物品应分类整齐摆放并进行标记 (3) 通道畅通，无物品占用通道 (4) 对生产线、工序号、设备、工模夹治具等进行标记 (5) 仪器设备、工模夹治具摆放整齐，工作台面摆放整齐
3	清扫	(1) 地面、墙上、顶棚、门窗打扫干净，无灰尘杂乱物 (2) 工作台面清扫干净，无灰尘 (3) 仪器设备、工模夹治具清理干净 (4) 一些污染源、噪声设备要进行防护
4	清洁	(1) 每天上下班花 3 ~ 5min 做 5S 工作 (2) 随时自我检查、互相检查，定期或不定期进行检查 (3) 对不符合规定的情况及时纠正 (4) 整理、整顿、清扫要保持得非常好
5	素养	(1) 员工戴厂牌，穿厂服且整洁得体，仪容整齐大方 (2) 员工言谈举止文明有礼，对人热情大方 (3) 员工工作精神饱满 (4) 员工有团队精神，互帮互助，积极参加 5S 活动 (5) 员工时间观念强

(2) 货仓规范表 货仓规范表见表 5-2。

表 5-2 货仓规范表

序列	项目	规 范 内 容
1	整理	(1) 把废、滞料进行处理 (2) 把一个月生产计划内不用的物品放到指定位置 (3) 把一周生产计划内要用的物品放到易取位置
2	整顿	(1) 应有货仓总体规划图，并按规划图进行区域标识 (2) 物品按规划进行放置 (3) 物品放置要整齐，容易收发 (4) 物品在显著位置要有明显的标志，容易辨认 (5) 货仓通道要畅通，不能堵塞 (6) 运输工具使用后应摆放整齐 (7) 消防器材要容易拿取
3	清扫	(1) 地面、墙上、顶棚、门窗要打扫干净，不能有灰尘 (2) 物品不能裸露摆放，包装外表要清扫干净 (3) 运输工具要定期进行清理、加油 (4) 物品储存区要通风，光线要好 (5) 一些水源污染、油污管等要进行修护

（续）

序列	项目	规范内容
4	清洁	（1）每天上下班花3～5min做5S工作 （2）随时自我检查、互相检查，定期或不定期进行检查 （3）对不符合规定的情况及时纠正 （4）整理、整顿、清扫要保持得非常好
5	素养	（1）员工戴厂牌，穿厂服且整洁得体，仪容整齐大方 （2）员工言谈举止文明有礼，对人热情大方 （3）员工工作精神饱满 （4）员工有团队精神，互帮互助，积极参加5S活动 （5）员工时间观念强

5.2 SMT生产工艺文件

5.2.1 工艺文件的分类和作用

1. 工艺文件的定义

工艺文件是指某个生产或流通环节的设备、产品等的具体的操作、包装、检验、流通等的详细规范书。

工艺文件是将组织生产过程的程序、方法、手段及标准用文字及图表的形式表示出来，其作用是指导产品制造过程的一切生产活动，使之纳入规范有序的轨道。

凡是工艺部门编制的工艺计划、工艺标准、工艺方案、质量控制规程，都属于工艺文件的范畴。工艺文件是带有强制性的纪律性文件，不允许用口头的形式来表达，必须采用规范的书面形式，而且任何人不得随意修改，违反工艺文件属违纪行为。

工艺文件是用来指导生产的，因此要做到正确、完整、统一、清晰。

2. 工艺文件的作用

在产品的不同阶段，工艺文件的作用有所不同。试制试产阶段的作用主要是验证产品的设计（结构、功能）和关键工艺。批量生产阶段的作用主要是验证工艺流程、生产设备和工艺装备是否满足批量生产的要求。工艺文件的主要作用如下：

1）为生产部门提供规定的流程和工序，便于组织产品有序地生产。

2）提出各工序和岗位的技术要求和操作方法，保证操作员工生产出符合质量要求的产品。

3）为生产计划部门和核算部门确定工时定额和材料定额，控制产品的制造成本和生产效率。

4）按照文件要求组织生产部门的工艺纪律管理和员工管理。

3. 工艺文件的分类

电子产品的工艺文件种类也和设计文件一样，是根据产品生产中的实际需要来决定的。电子产品的设计文件也可以用于指导生产，因此有些设计文件可以直接用作工艺文件。例如，电路图可以供维修岗位员工维修产品使用，调试说明可以供调试岗位员工在生产中试使用。此外，电子产品还有其他一些工艺文件，主要有以下几种：

（1）通用工艺规范　通用工艺规范是为了保证正确的操作或工作方法而提出的对生产所有产品或多种产品均适用的工作要求。例如，手工焊接工艺规范、防静电管理办法等。

（2）产品工艺流程　产品工艺流程是根据产品要求和企业内生产组织、设备条件而拟制的产品生产流程或步骤，一般由工艺技术人员画出工艺流程图来表示。生产部门根据流程图可以组织物料采购、人员安排和确定生产计划等。

（3）岗位作业指导书　岗位作业指导书是供操作员工使用的技术指导性文件。例如，设备操作规程、插件作业指导书、补焊作业指导书、程序读写作业指导书、检验作业指导书等。

（4）工艺定额　工艺定额是供成本核算部门和生产管理部门作人力资源管理和成本核算用的。工艺技术人员根据产品结构和技术要求，计算出制造每一件产品所消耗的原材料和工时，即材料定额和工时定额。

（5）生产设备工作程序和测试程序　生产设备工作程序和测试程序主要是指某些生产设备（如贴片机、插件机等贴装电子产品）的程序，以及某些测试设备（如 ICT）检测产品所用的测试程序。程序编制完成后供所在岗位的员工使用。

（6）生产工装（工艺装备）或测试工装的设计和制作文件　生产工装或测试工装的设计和制作文件是为制作生产工装和测试工装而编制的工装设计文件和加工文件。

5.2.2　工艺文件的编制

1. 工艺文件的编制方法和要求

（1）工艺文件的编制原则　工艺文件的编制原则是以优质、低耗、高产为宗旨，结合企业的实际情况。编制工艺文件时应注意以下几点：

1）根据产品的批量、性能指标和复杂程度编制相应的工艺文件。对于简单产品，可编制某关键工序的工艺文件；对于一次性生产的产品，可视具体情况编制临时工艺文件或参考同类产品的工艺文件。

2）根据车间的组织形式、工艺装备和工人的技能水平等情况编制工艺文件，确保工艺文件的可靠性。

3）对未定型的产品，可编制临时工艺文件或编制部分必要的工艺文件。

4）工艺文件应以图为主，力求做到通俗易读，便于操作，必要时可标注简要说明。

5）凡属装调人员应知、应会的基本工艺规程内容，可不再编入工艺文件。

（2）工艺文件的编制方法

1）仔细分析设计文件的技术条件、技术说明、原理图、装配图、接线图、线扎图及有关零部件图，参照样机，将这些图中的焊接要求与装配关系逐一分析清楚。

2）根据实际情况，确定生产方案，明确工艺流程与工艺路线。

3）编制准备工序的工艺文件时，凡不适合在流水线上安装的元器件和零部件，都应该安排到准备工序完成安装。

4）编制总装流水线工序的工艺文件时，应充分考虑各工序的均衡性和操作的顺序性，最好按局部分片的方法分工，避免上下翻动机器、前后焊接等不良操作。

（3）工艺文件的编制要求

1）工艺文件要有统一的格式和幅面，图幅大小应符合有关规定，并装订成册，配齐成套。

2）工艺文件的字体要规范，书写应清楚，图形要正确。

3）工艺文件中使用的名称、编号、图号、符号、材料和元器件代号等应与设计文件保持一致。

4）工艺附图应按比例准确绘制。

5）在编制工艺文件时，应尽量采用通用技术条件、工艺细则或企业标准工艺规程，并有效地使用工装或专用工具、测试仪器和仪表。

6）工艺文件中应列出工序中所需的仪器、设备和辅助材料等。对于调试检验工序，应标出技术指标、功能要求、测试方法和仪器的量程等。

2. 常见工艺文件的格式及填写方法

工艺文件的格式是按照工艺技术和管理要求规定的工艺文件栏目而确定的，为保证产品生产的顺利进行，应该保证工艺文件的成套性。工艺文件包括工艺文件封面、工艺文件目录、元器件工艺表、工艺说明及简图卡、装配工艺过程卡、工艺文件更改通知单、工艺文件明细表等。下面列举几种常见的工艺文件的参考写法。

（1）工艺文件封面　作为产品全套工艺文件装订成册的封面，可按照表5-3书写。“第　册”中填写本册在全套工艺文件中的序号；“共　页”中填写本册的页数；“共　册”中填写全套工艺文件的册数；“产品型号”“产品名称”“产品图号”后依次填写产品型号、名称、图号；“本册内容”后填写本册主要工艺内容的名称；最后执行批准手续，并且填写批准日期。

表5-3　工艺文件封面

<table>
<tr><td colspan="2"></td><td rowspan="7">工艺文件

第　册
共　页
共　册

产品型号：
产品名称：
产品图号：
本册内容：

批　准
年　　月　　日</td></tr>
<tr><td colspan="2">旧底图总号</td></tr>
<tr><td colspan="2"></td></tr>
<tr><td colspan="2">底图总号</td></tr>
<tr><td colspan="2"></td></tr>
<tr><td>日期</td><td>签名</td></tr>
<tr><td></td><td></td></tr>
</table>

（2）工艺文件目录　工艺文件目录供装订成册的工艺文件编写目录用，用来反映产品工艺文件的成套性，见表5-4。

表5-4　工艺文件目录

		工艺文件目录		产品名称或型号		产品图号
	序号	文件代号	零部件、整件图号	零部件、整件名称	页数	备注
使用性						
旧底图型号						

底图型号		更改标记	数量	文件号	签名	日期	签名		日期	第　页	
							拟制				
							审核			共　页	
日期	签名										
										第册	第页

（3）工艺说明及简图卡　工艺说明及简图卡可作为任何一种工艺过程的续卡，它用简图、流程图、表格及文字形式进行说明，也可用于编制规定以外的其他工艺过程，如调试说明、检验要求、各种典型工艺文件等，见表5-5。

（4）装配工艺过程卡　装配工艺过程卡又称为工艺作业指导书，它反映了电子整机装配过程中，装配准备、装联、调试、检验、包装入库等各道工序的工艺流程，是完成产品的部件、整机的机械装配和电气装配的指导性工作文件。装配工艺过程卡的样表见表5-6。

表 5-5 工艺说明及简图卡

			工艺说明及简图				名称			编号或图号	
							工序名称			工序编号	
使用性											
旧底图型号											
底图型号		更改标记	数量	文件号	签名	日期	签名		日期	第 页	
							拟制				
							审核			共 页	
日期	签名										
										第 册	第 页

表 5-6 装配工艺过程卡

			装配工艺过程卡片				产品名称或型号			名称	
							产品图号			图号	
		装入件及辅助材料			工作地	工序号	工种	工序内容及要求		设备及工装	工时定额
		序号	代号、名称	数量							
旧底图型号											
底图型号							拟制		日期		
							审核				
日期	签名										
							标准化				
		更改标记	数量	文件号	签名	日期	批准			第 页 共 页	

本 章 小 结

本章首先介绍了5S的概念以及5S之间的关系，阐明了5S的作用，接着介绍了如何实施5S和实施5S的主要手段，给出了车间规范表和货仓规范表。此外，本章还介绍了工艺文件的定义，然后介绍了工艺文件的作用及其分类，最后给出了工艺文件书写的注意事项，并列举了几种常见的工艺文件的样表。

思 考 题

5-1 什么是5S？每一项的含义是什么？

5-2 写出5S各项之间的关系。

5-3 5S在SMT工厂中的作用是什么？

5-4 如何在SMT工厂中实施5S管理？

5-5 实施5S管理的主要手段有哪些？

5-6 什么是工艺文件？生产过程中工艺文件有哪些作用？

5-7 写出工艺文件的分类。

5-8 试编制SMT生产过程中的焊锡膏涂覆工艺文件。

第 6 章　表面组装印制电路板

6.1　表面组装印制电路板基础

6.1.1　表面组装印制电路板的特点

由于 SMT 用的 PCB 与 THT 用的 PCB 在设计、材料等方面都有很多差异，为了区别，通常将专用于 SMT 的 PCB 称为 SMB（Surface Mount Board）。

SMB 在功能上与通孔插装 PCB 相同，但对用于制造 SMB 的基板来说，其性能要求比通孔插装 PCB 基板性能要求高得多；其次，SMB 的设计、制造工艺也要复杂得多，许多制造通孔插装 PCB 根本不用的高新技术，如多层板、金属化孔、盲孔和埋孔等技术，在 SMB 制造中却几乎全部使用。SMB 的主要特点如下：

（1）高密度　由于有些 SMD 器件引脚数高达 100 ~ 500 只之多，引脚中心距已由 1.27mm 过渡到 0.5mm，甚至为 0.3mm，因此 SMT 要求细线、小间距，线宽从 0.2 ~ 0.3mm 缩小到 0.15mm、0.1mm，甚至 0.05mm；2.54mm 网格之间已由过双线发展到过 3 根导线，最新技术已达到过 6 根导线，细线、小间距极大地提高了 SMB 的安装密度。

（2）小孔径　单面 PCB 中的过孔主要用来插装元器件，而在 SMB 中大多数金属化孔不再用来插装元器件，而是用来实现层与层导线之间的互连。目前 SMB 上的孔径为 0.46 ~ 0.3mm，并向 0.2 ~ 0.1mm 方向发展。

（3）热膨胀系数（CTE）低　由于 SMD 器件引脚多且短，器件本体与 PCB 之间的 CTE 不一致。由于热应力而造成器件损坏的事情经常会发生，所以要求 SMB 基材的 CTE 应尽可能低，以适应与器件的匹配性。如今，CSP、FC 等芯片级的器件已用来直接贴装在 SMB 上，这就对 SMB 的 CTE 提出了更高的要求。

（4）耐高温性能好　SMT 焊接过程中，经常需要双面贴装元器件，因此要求 SMB 能耐两次再流焊温度，并要求 SMB 变形小、不起泡，首次再流焊之后焊盘仍有优良的可焊性，SMB 表面仍有较高的光洁度。

（5）平整度高　SMB 要求很高的平整度，以便 SMD 引脚与 SMB 焊盘密切配合，SMB 焊盘表面涂覆层不再使用 Sn - Pb 合金热风整平工艺，而是采用镀金工艺或预热助焊剂涂覆工艺。

6.1.2　表面组装印制电路板基板材料

用于 SMB 的基材品种很多，但大体上分为两大类，即无机类基板材料和有机类基板材料。

无机类基板主要是陶瓷板，陶瓷电路基板材料是 96% 的氧化铝，在要求基板强度很高的情况下，可采用 99% 的纯氧化铝材料。但高纯氧化铝的加工困难，成品率低，所以使用纯氧化铝的价格高。氧化铍也是陶瓷基板的材料，它是金属氧化物，具有良好的电绝缘性能和优良的热导性，可用作高功率密度电路的基板。

有机类基板材料是指用增强材料如玻璃纤维布（纤维纸、玻璃毡等），浸以树脂粘合剂，通过烘干成为坯料，然后覆上铜箔，经高温高压而制成。这类基板称为覆铜箔层压板（CCL），俗称覆铜板，是制造 SMB 的主要材料。目前广泛用于制作双面 SMB 的是环氧玻璃纤维电路基板，它结合了玻璃纤维强度好和环氧树脂韧性好的优点，具有良好的强度和延展性。

6.1.3 铜箔的种类与厚度

铜箔对产品的电气性能有一定的影响，铜箔一般按制造方法分为压延铜箔和电解铜箔两大类。压延铜箔要求铜纯度高（一般≥99.9%），弹性好，适用于挠性板、高频信号板等高性能 SMB 的制造，在产品说明书中用字母“W”表示。电解铜箔则用于普通 SMB 的制造，铜的纯度稍低于压延铜箔所用的铜纯度（一般为99.8%），并用字母“E”表示。

常用的铜箔厚度有 9μm、12μm、18μm、35μm、70μm 等，其中 35μm 的使用较多。铜箔越薄，耐温性越差，且浸析会使铜箔穿透；铜箔太厚，则容易脱落。

6.2 表面组装印制电路板的设计原则

保证 SMT 产品的质量，除有赖于生产管理、生产设备、生产工艺之外，SMB 的设计也是一个十分重要的问题。

1. 元器件布局

布局是指按照电路原理图的要求和元器件的外形尺寸，将元器件均匀整齐地布置在 SMB 上，并能满足整机的机械和电气性能要求。布局合理与否不仅影响 SMB 组装件和整机的性能及可靠性，而且也影响 SMB 及其组装件加工和维修的难易程度，所以布局时尽量做到以下几点：

1）元器件分布均匀，同一单元电路的元器件应相对集中排列，以便于调试和维修。

2）有相互连线的元器件应相对靠近排列，以利于提高布线密度和保证走线距离最短。

3）对热敏感的元器件，布置时应远离发热量大的元器件。

4）相互可能有电磁干扰的元器件，应采取屏蔽或隔离措施。

2. 布线规则

布线是按照电路原理图、导线表以及需要的导线宽度与间距布设印制导线，布线一般应遵守如下规则：

1）在满足使用要求的前提下，布线应尽可能简单。选择布线方式的顺序为单层-双层-多层。

2）两个连接盘之间的导线布设应尽量短，敏感的信号、小信号先走，以减少小信号的延迟与干扰。模拟电路的输入线旁应布设接地线屏蔽；同一层导线的布设应分布均匀；各层上的导电面积要相对均衡，以防电路板翘曲。

3）信号线改变方向应走斜线或圆滑过渡，而且曲率半径大一些好，避免电场集中、信号反射和产生额外的阻抗。

4）数字电路与模拟电路在布线上应分隔开，以免互相干扰，如在同一层则应将两种电路的地线系统和电源系统的导线分开布设，不同频率的信号线中间应布设接地线隔开，避免发生串扰。为了测试方便，设计上应设定必要的断点和测试点。

5）电路元器件接地、接电源时走线要尽量短、尽量近，以减少内阻。

6）上下层走线应互相垂直，以减少耦合，切忌上下层走线对齐或平行。

7）高速电路的多根I/O线以及差分放大器、平衡放大器等电路的I/O线长度应相等，以避免产生不必要的延迟或相移。

8）焊盘与较大面积导电区相连接时，应采用长度不小于0.5mm的细导线进行热隔离，细导线宽度不小于0.13mm。

9）最靠近SMB边缘的导线，距离SMB边缘的距离应大于5mm，需要时接地线可以靠近SMB的边缘。如果SMB加工过程中要插入导轨，则导线距SMB边缘至少要大于导轨槽深。

10）双面SMB上的公共电源线和接地线，应尽量布设在靠近SMB的边缘，并且分布在SMB的两面。多层SMB可在内层设置电源层和地线层，通过金属化孔与各层的电源线和接地线连接，内层大面积的导线和电源线、地线应设计成网状，这样可提高多层SMB层间的结合力。

3. 印制导线宽度

印制导线的宽度由导线的负载电流、允许的温升和铜箔的附着力决定。一般SMB的导线宽度不小于0.2mm，厚度在18μm以上。导线越细则其加工难度越大，所以在布线空间允许的条件下，应适当选择宽一些的导线。

4. 印制导线间距

SMB表层导线间的绝缘电阻是由导线间距、相邻导线平行段的长度、绝缘介质（包括基材和空气）所决定的，在布线空间允许的条件下，应适当加大导线间距。

5. 元器件的选择

元器件的选择应充分考虑SMB实际面积的需要，尽可能选用常规元器件。不可盲目地追求小尺寸元器件，以免增加成本，IC器件应注意引脚形状与引脚间距，对小于0.5mm引脚间距的QFP应慎重考虑，不如直接选用BGA封装的器件。此外，对元器件的包装形式、端电极尺寸、可焊性、器件的可靠性、温度的承受能力（如能否适应无铅焊接的需要）都应考虑到。

在选择好元器件后，必须建立好元器件数据库，包括安装尺寸、引脚尺寸和生产厂家等的有关资料。

6. SMB基材的选用

基材应根据SMB的使用条件和机械、电气性能要求来选择；根据SMB结构确定基材的覆铜箔面数（单面、双面或多层 SMB）；根据 SMB 的尺寸、单位面积承载元器件质量，确定基材板的厚度。不同类型材料的成本相差很大，在选择 SMB 基材时应考虑电气性能的要求、T_g（玻璃化转换温度）、CTE、平整度等因素及孔金属化的能力、价格等因素。

7. SMB 的抗电磁干扰设计

对于外部的电磁干扰，可通过整机的屏蔽措施和改进电路的抗干扰设计来解决。对 SMB 组装件本身的电磁干扰，在进行 SMB 布局、布线设计时，应做以下考虑：

1）可能相互产生影响或干扰的元器件，在布局时应尽量远离或采取屏蔽措施。

2）不同频率的信号线，不要相互靠近平行布线；对于高频信号线，应在其一侧或两侧布设接地线进行屏蔽。

3）对于高频、高速电路，应尽量设计成双面和多层 SMB。双面 SMB 的一面布设信号线，另一面可以设计成接地面；多层 SMB 中可把易受干扰的信号线布置在地线层或电源层之间；对于微波电路用的带状线，传输信号线必须布设在两接地层之间，并对其间的介质层厚度按需要进行计算。

4）晶体管的基极印制线和高频信号线应尽量设计得短，减少信号传输时的电磁干扰或辐射。

5）不同频率的元器件不共用同一条接地线，不同频率的地线和电源线应分开布设。

6）数字电路与模拟电路不共用同一条地线，在与 SMB 对外地线连接处可以有一个公共接点。

7）工作时电位差比较大的元器件或印制线，应加大相互之间的距离。

8. SMB 的散热设计

随着 SMB 上元器件组装密度的提高，若不能及时有效地散热，将会影响电路的工作参数，甚至因热量过大使元器件失效，所以对 SMB 的散热问题，设计时必须认真考虑，一般采取以下措施：

1）加大 SMB 上与大功率元器件接地面的铜箔面积。

2）发热量大的元器件不贴板安装，或外加散热器。

3）对多层 SMB 的内层地线应设计成网状并靠近 SMB 的边缘。

4）选择阻燃或耐热型的 SMB 基材。

6.3 表面组装印制电路板设计的具体要求

6.3.1 整体设计

1. SMB 幅面

SMB 的外形一般为长宽比不太大的长方形。长宽比较大或面积较大的 SMB，容易产生翘曲变形，当幅面过小时还应考虑到拼板，SMB 的厚度应根据对板的机械强度要求及 SMB 上单位面积承受的元器件质量，选取合适厚度的基材。考虑焊接工艺过程中的热变

形及结构强度，如抗张、抗弯、机械脆性、热膨胀等因素，SMB 厚度、最大宽度与最大长宽比见表 6-1。

表 6-1　SMB 厚度、最大宽度与最大长宽比

厚度/mm	最大宽度/mm	最大长宽比
0.8	50	2.0
1.0	100	2.4
1.6	150	3.0
2.4	300	4.0

2. SMB 的尺寸与拼板工艺

要根据整机的总体结构来确定单块 SMB 的尺寸。SMB 的大小、形状应适合表面组装生产线生产，符合印刷机、贴片机适用的基板尺寸范围和再流焊机的工作宽度。

由于 SMB 的尺寸较小，为了更适用于自动化生产，往往将多块板组合成一块板，有意识地将若干个相同或不相同单元 SMB 进行有规则的拼合，把它们拼合成长方形或正方形，称为拼板。尺寸小的 SMB 采用拼板可以提高生产效率，增强生产线的适用性，减少工装准备费用。

拼板之间可以采用 V 形槽直线分割、邮票孔、冲槽等工艺手段进行组合，要求刻槽精确，深度均匀，有较好的机械支撑强度，但又易于分割机分断或用手掰开。

对于不相同印制电路的 SMB 拼合也可按此原则进行，但应注意元器件位号的编写方法。拼合的 SMB 俗称“邮票板”，其结构示意图如图 6-1 所示，邮票板具有以下特点：

1）邮票板可由多块同样的 SMB 组成或由多块不同的 SMB 组成。

2）根据表面组装设备的情况决定邮票板的最大外形尺寸，如贴片机的贴片面积、印刷

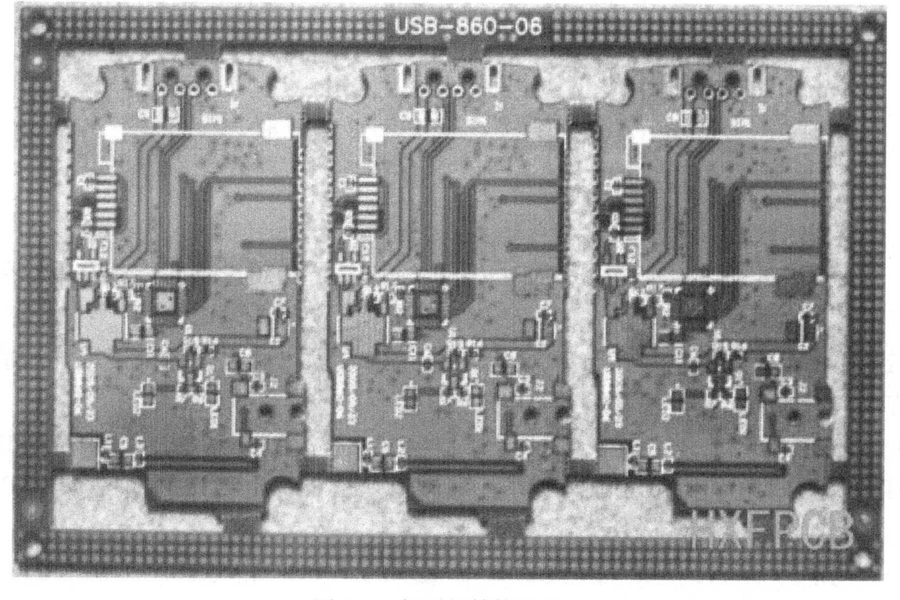

图 6-1　邮票板结构示意图

机的最大印刷面积和再流焊机传送带的工作宽度等。

3）邮票板上各 SMB 间的连接筋起机械支撑作用，因此它既要有一定的强度，又要便于折断把电路分开。连接筋的尺寸一般为 1.8mm×2.4mm。

3. 过孔（Via）的设计

过孔是多层 SMB 的重要组成部分之一，钻孔的费用通常占 SMB 制板费用的 30%～40%。SMB 上的每一个孔都可以称为过孔。从作用上看，过孔可以分成两类：一是用于各层间的电气连接；二是用于元器件的固定或定位。

从设计的角度来看，一个过孔主要由两部分组成：一是中间的钻孔，二是钻孔周围的焊盘区。这两部分的尺寸大小决定了过孔的大小。在高速、高密度的 SMB 设计时，总是希望过孔越小越好，这样板上可以留有更多的布线空间。此外，过孔越小，其自身的寄生电容也越小，更适合用于高速电路。但过孔的尺寸不可能无限制地减小，它受到钻孔和电镀等工艺技术的限制。

4. 定位孔、工艺边及基准标记

定位孔、工艺边及基准标记是保证 SMB 适应 SMT 大生产不可缺少的标志。

（1）定位孔　有些 SMT 设备（如贴片机）采用孔定位的方式，为保证 SMB 能精确地固定在设备夹具上，就要求 SMB 预留出定位孔。定位孔位于 SMB 的四个角，以圆形为主，也可以是椭圆，定位孔内壁要求光滑，不允许有电镀层，在定位孔周围 2mm 范围内不允许有铜箔，且不得贴装元器件。定位孔在 SMB 上的位置如图 6-2 所示。

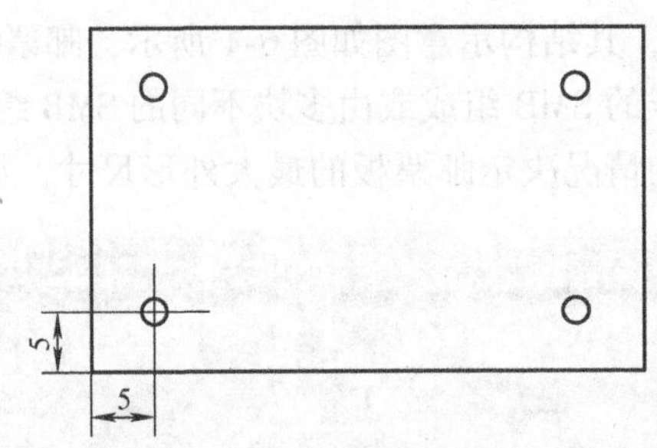

图 6-2　定位孔位置

（2）工艺边　SMB 上至少要有一对边留有足够的传送带位置空间，即工艺夹持边，简称工艺边。SMB 加工时，通常用较长的对边作为工艺边，留给设备的传送带用，在传送带的范围内不能有元器件和引线干涉，即工艺夹持边内不应有焊盘图形，否则会影响 SMB 的正常传送。工艺边的宽度不小于 5mm。如果 SMB 的布局无法满足，可以采用增加辅助边或拼板的方法。待加工工序结束后可以去掉工艺边。

（3）基准标记　基准标记有 SMB 基准标记和器件基准标记两大类。其中，SMB 基准标记是 SMT 生产时 SMB 的定位标记，器件基准标记则是贴装大型 IC 器件（如 QFP、BGA、PLCC 等）时作为进一步保障贴装精度的标记。

常用的基准标记符号有实心圆点“●”、边长为 2.0mm 的实心正方形“■”、边长为 2.0mm 的实心菱形“◆”、边长为 1mm 的实心三角形“▲”、2.0mm 高的单十字线“✚”、

2.0mm 高的双十字#线，图 6-3a 标出了单十字线、实心三角形和实心圆点的尺寸。推荐（优选）的基准标记符号为直径 1～2mm 的实心圆，标记符号的外围有等于其直径 1～2 倍的无阻焊区，如图 6-3b 所示。器件基准标记设在该器件附近的两个对角上，如图 6-3c 所示。

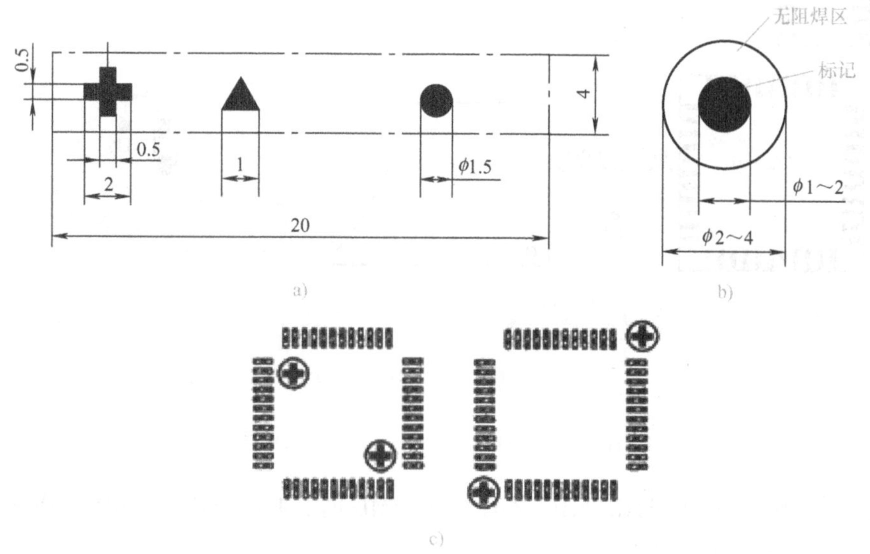

图 6-3　SMB 基准标记与 FQFP 的器件基准标记

5. 测试点与测试孔的设计

在 SMT 的大生产中为了保证品质和降低成本，都离不开在线测试，为了保证测试工作的顺利进行，SMB 设计时应考虑到测试点与测试孔的设计。

（1）接触可靠性测试设计　测试点原则上应设在同一面上，并注意分散均匀。测试点的焊盘直径为 0.9～1.0mm，并与相关测试针相配套，测试点的中心应落在网格之上，并注意不应设计在 SMB 的边缘 5mm 内，相邻的测试点之间的中心距不小于 1.46mm，如图 6-4 所示。

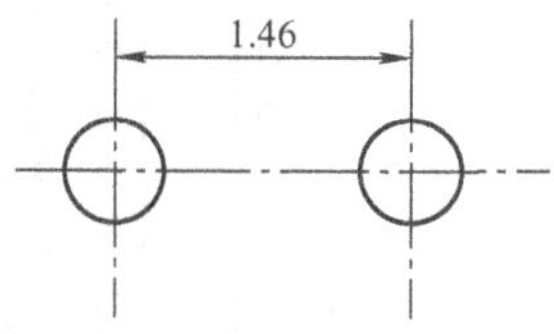

图 6-4　相邻测试点之间的中心距

测试点之间不应设计其他元器件，测试点与元器件焊盘之间的距离应≥1mm，以防止元器件或测试点之间短路，并注意测试点不能涂覆任何绝缘层，如图 6-5 所示。

（2）电气可靠性测试设计　所有的电气节点都应提供测试点，即测试点应能覆盖所有的 I/O、电源地和返回信号。每一块 IC 都应有电源和地的测试点，如果器件的电源和地脚不止一个，则应分别加上测试点，一个集成块的电源和地应放在 2.54mm 之内。不能将 IC 控制线直接连接到电源、地或公用电阻上。

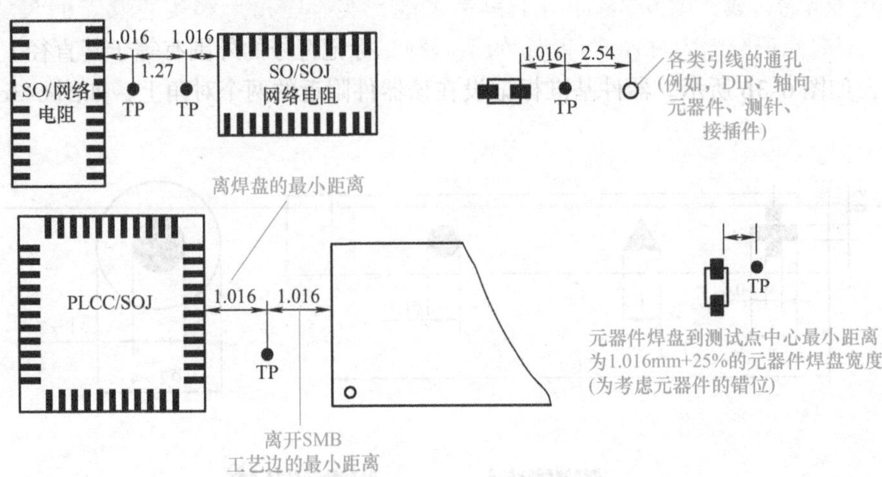

图 6-5　测试点与元器件焊盘之间的距离

6. THC/THD 与 SMC/SMD 之间的间距

当同一块 SMB 上既有 THC/THD 又有 SMC/SMD 时，THC/THD 与 SMC/SMD 之间的间距应不小于如图 6-6 所示的规定。

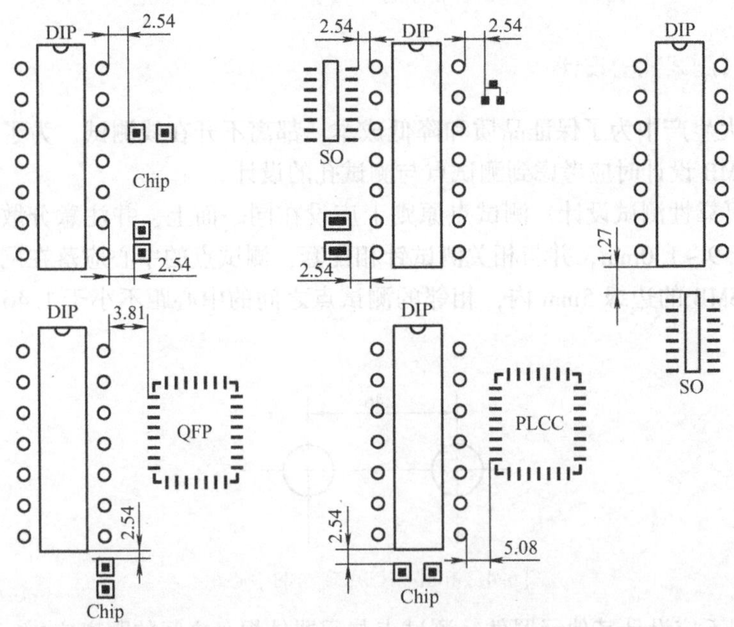

图 6-6　THC/THD 与 SMC/SMD 之间的间距

6.3.2　SMC/SMD 焊盘设计

SMC/SMD 的焊盘设计要求严格，它不仅决定了焊点的强度，也决定了元器件连接的可靠性及焊接时的工艺性，现提供部分有关 SMC/SMD 焊盘设计的相关原则。

1. 片状元器件的焊盘设计

片状元器件焊接后理想的焊接形态如图6-7所示。从图中可以看出它有两个焊点，分别在电极的外侧和内侧。外侧焊点又称为主焊点，主焊点呈弯月面状，维持焊接强度；内焊点起到补充焊接强度和焊接时自对中作用。

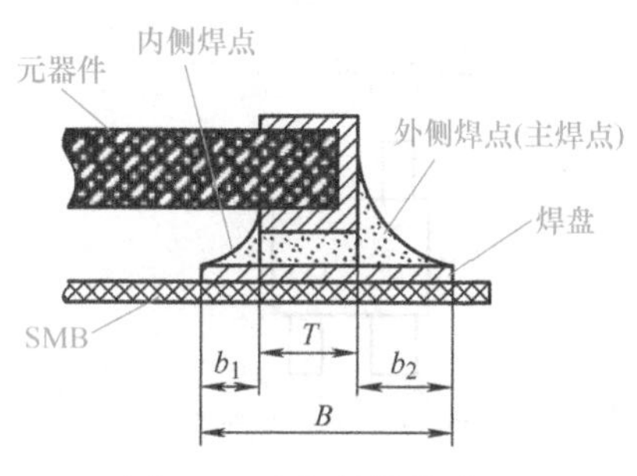

图6-7 理想的焊接形态

（1）**焊盘长度** 理想的焊盘长度为 $B = b_1 + T + b_2$，式中，b_1 取值范围为0.05～0.3mm，b_2 取值范围为0.25～1.3mm。

（2）**焊盘宽度** 对于焊盘宽度 A 的设计相应有下列三种情况：用于高可靠性场合时，焊盘宽度 $A=1.1\times$元器件宽度；用于工业级产品时，焊盘宽度 $A=1.0\times$元器件宽度；用于消费类产品时，焊盘宽度 $A=(0.9\sim1.0)\times$元器件宽度。

（3）**焊盘间距** 焊盘间距 G 应适当小于元器件两端焊头之间的距离，焊盘外侧距离 $D=L+2b_2$，如图6-8所示。

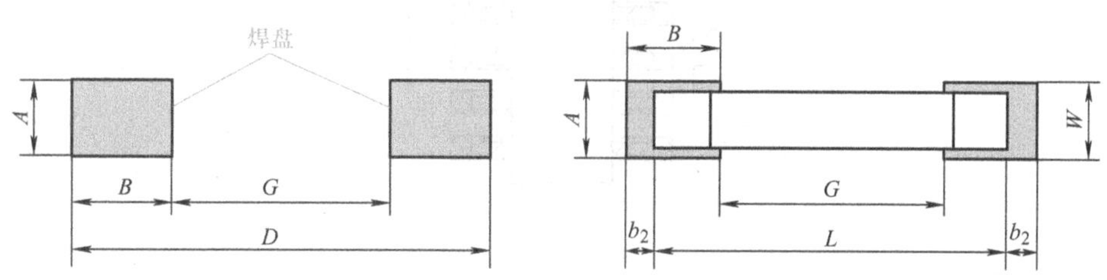

图6-8 焊盘的内外侧距离

2. 小外形封装晶体管焊盘的设计

在SMT中，小外形封装晶体管（SOT）的焊盘图形设计一般应遵循下述规则：

1）焊盘间的中心距与器件引脚间的中心距相等。

2）焊盘的图形与器件引脚的焊接面相似，但在长度方向上应扩展0.3mm，在宽度方向上应减少0.2mm；若用于波峰焊，则长度方向及宽度方向均应扩展0.3mm。

SOT－23、SOT－143、SOT－89的SOT焊盘图形如图6-9所示。

3. SOP焊盘设计

SOP除了集成电路，还包括电阻网络。SOP焊盘设计原则（见图6-10）有以下几点：

1）焊盘间的中心距与器件引脚间的中心距相等。

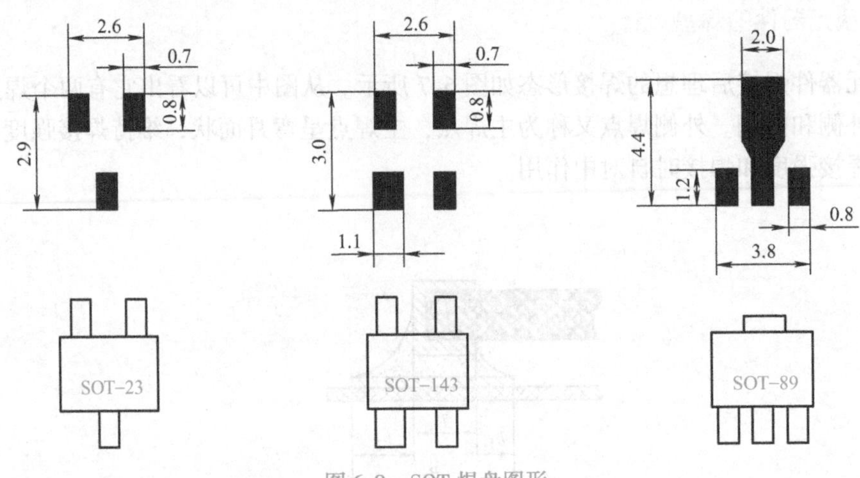

图 6-9　SOT 焊盘图形

2）单个引脚焊盘设计的一般原则：

焊盘长度 B：$B = b_1 + T + b_2$（$b_1 = b_2 = 0.3 \sim 0.5\text{mm}$）

焊盘宽度 A：A 为 1～1.2 倍的器件引脚宽度。

焊盘间距 G：$G = F - K$　式中，G 为两排焊盘之间的内测距离（mm）；F 为元器件本体封装尺寸（mm）；K 为系数，一般为 0.25mm。

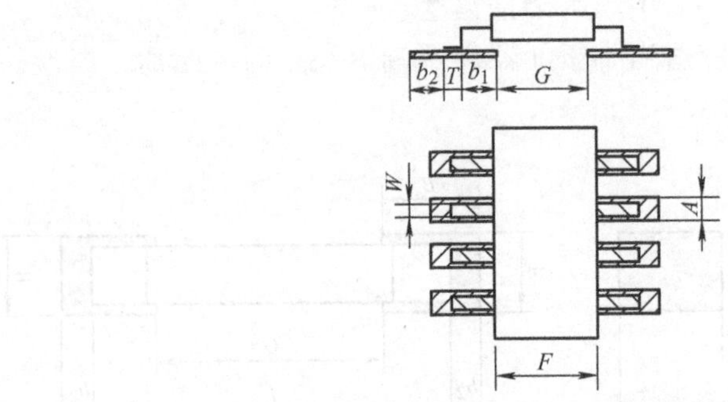

图 6-10　SOP 封装外形和焊盘设计示意图

4. PLCC 焊盘设计

PLCC 封装的器件至今仍大量使用，其焊盘图形如图 6-11 所示。

对于 1.27mm 引脚中心距的 PLCC 封装器件，焊盘宽度与焊盘间距的比例有 7∶3、6∶4 和 5∶5 三种。第一种焊盘间距最小，中间不能走线；第三种焊盘宽度最小，容易造成移位，影响焊点质量；第二种最合适，这种焊盘宽度为 0.76mm，焊盘间距为 0.5lmm，焊盘间可以走一根 0.15mm 连线的设计已广泛应用于高性能产品中。焊盘长度标准为 1.9mm。

5. QFP 焊盘设计

这种焊盘其焊盘长度和引脚长度的最佳比为 $L_2 : L_1 = (2.5 \sim 3) : 1$，或者 $L_2 = F + L_1 + A$（F 为端部长，取 0.4mm；A 为趾部长，取 0.6mm；L_1 为元器件引脚长度；L_2 为焊盘长度）。

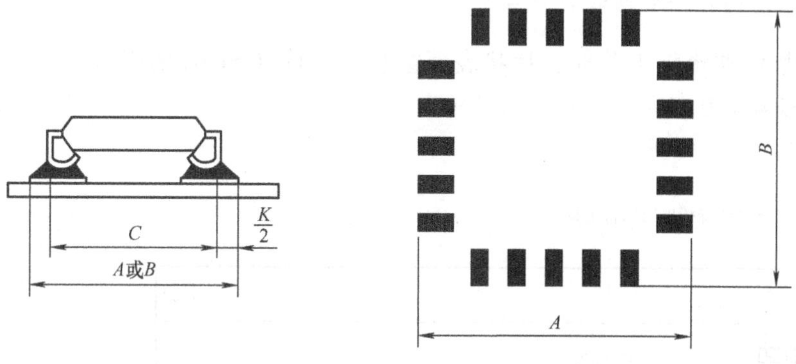

图 6-11　PLCC 焊盘图形

焊盘宽度 b_2 通常取：$0.49P \leqslant b_2 \leqslant 0.54P$（$P$ 为引脚公称尺寸；b_2 为焊盘宽度）。

QFP 焊盘的设计尺寸如图 6-12 所示。

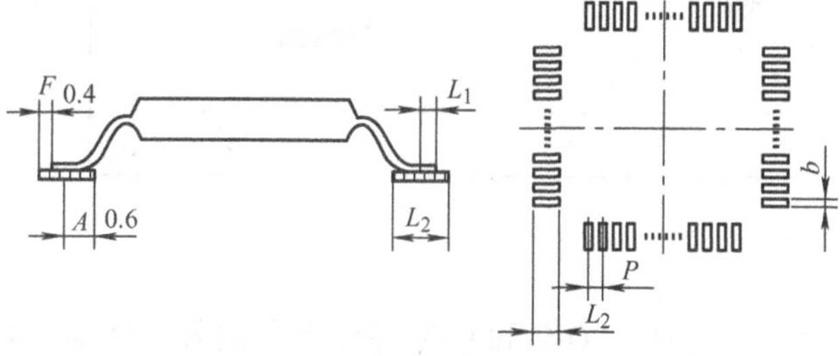

图 6-12　QFP 焊盘的设计尺寸

6.3.3　元器件排列方向的设计

1. 供热均匀原则

对于吸热大的元器件和 FQFP 器件，在整板布局时要考虑到焊接时的热均衡，不要把吸热多的元器件集中放在一处，造成局部供热不足而另一处过热的现象，如图 6-13 所示。

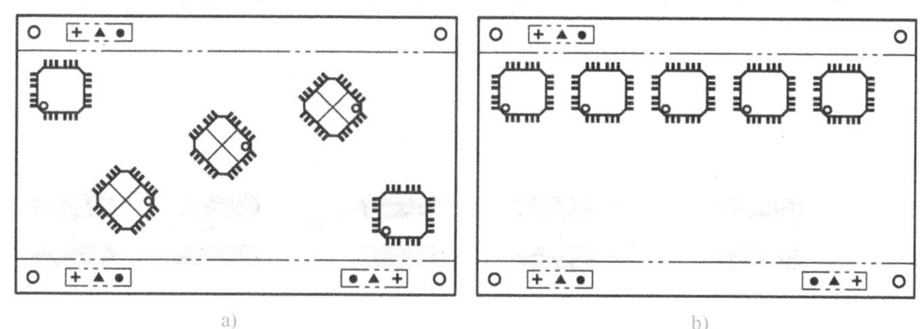

图 6-13　元器件排列应均匀

2. 元器件排列方向及其辅助焊盘的设计

在采用贴片-波峰焊工艺时，片状表面组装元器件和SOIC的引脚焊盘应垂直于印制板波峰焊时的运动方向，QFP器件（引脚中心距大于0.8mm）则应转45°角，如图6-14所示。

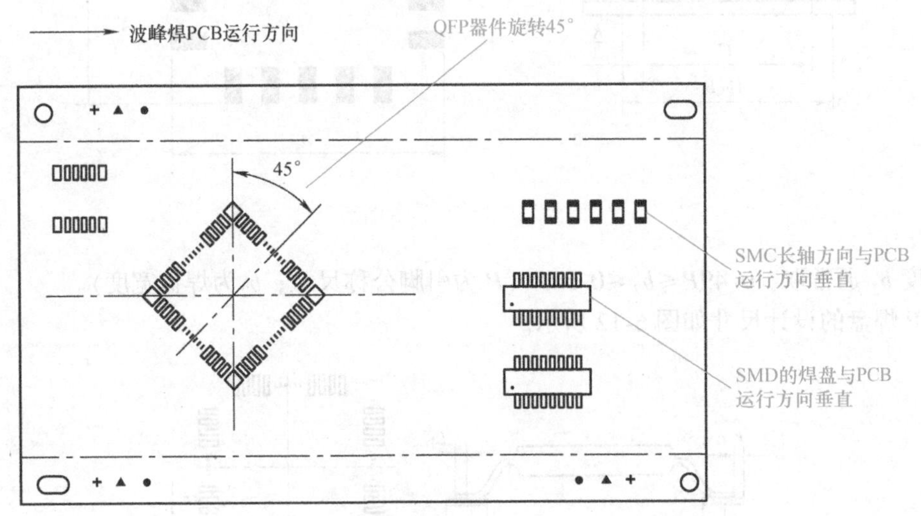

图6-14　波峰焊工艺中元器件的排列方法

在采用贴片-波峰焊工艺时，SOIC和QFP除注意方向外，还应在焊盘间放一个辅助焊盘。辅助焊盘也称为工艺焊盘，是PCB涂胶位置上有阻焊膜的空焊盘。在焊盘过高或SMD组件下面的间隙过大时，将贴片胶点在辅助焊盘上面，其作用是减小表面组装元器件贴装后的架空高度。

6.3.4　焊盘与导线连接的设计

1. SMC焊盘与线路连接

SMC焊盘与线路连接可以有多种方式，原则上连线可在焊盘任意点引出，如图6-15所示。但一般不得在两焊盘相对的间隙之间进行连接，最好紧贴焊盘长边一端引出，并避免呈一定的角度。

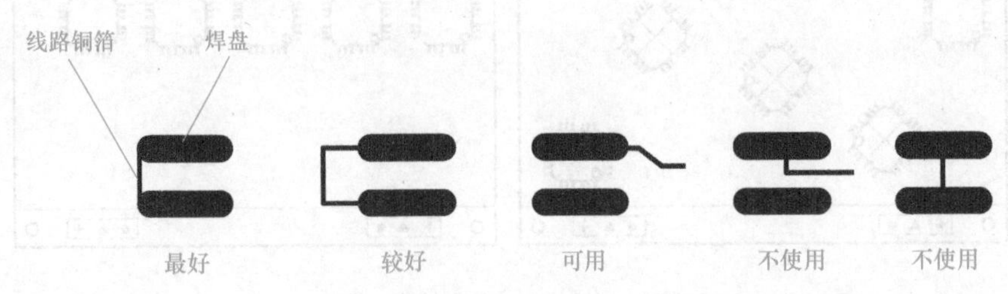

图6-15　线路与焊盘的连接

2. SMD 焊盘与线路连接

SMD 焊盘与线路的连接图形，将影响再流焊中元器件泳动的发生、焊接热量的控制及焊锡膏沿布线的迁移。为了使每个焊盘再流焊的时间一致，必须控制焊盘和连线间的热耦合，以确保与线路连接的焊盘保持足够的热量。一般规定不允许把宽度大于 0.25mm 的布线和再流焊焊盘连接。如果电源线或接地线要和焊盘连接，则在连接前需要将宽布线变窄至 0.25mm 宽，且不短于 0.635mm 的长度，再和焊盘相连，如图 6-16 所示。

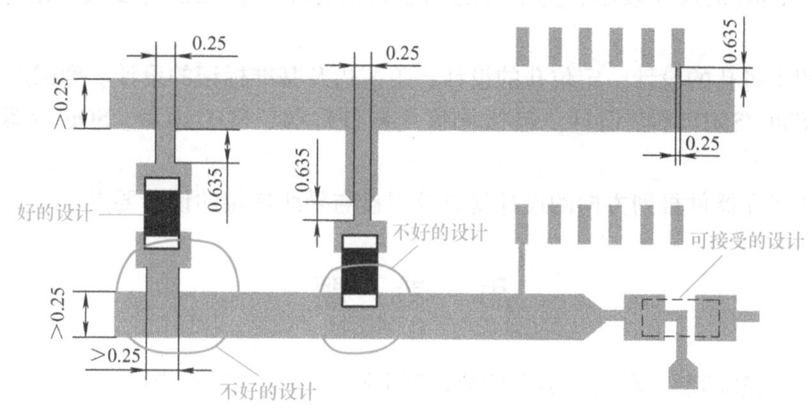

图 6-16　宽布线变窄后再和焊盘相连

3. 导通孔与焊盘的连接

表面组装印制电路板的导通孔设计应遵循以下要求：

1）导通孔直径一般不小于 0.75mm。

2）除 SOIC 或 PLCC 等器件之外，不能在其他元器件下面打导通孔。如果在大尺寸的芯片级元器件底部打导通孔，必须做成埋（盲）孔并加阻焊膜。

3）通常不将导通孔设置在焊盘上或焊盘的延长部分及焊盘角上。应尽量避免在距焊盘 0.635mm 以内设置导通孔和盲孔。

4）导通孔和焊盘之间应有一段涂有阻焊膜的细线相连，细线的长度应不小于 0.635mm，宽度不大于 0.4mm。

图 6-17 所示为焊盘与导通孔连接之间的设计比较示意图。

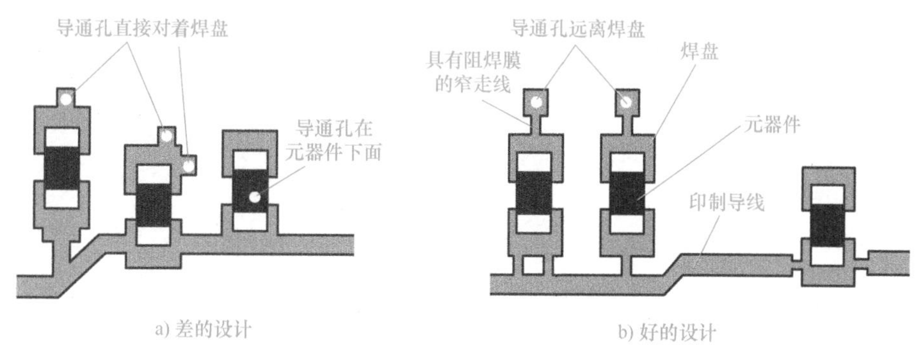

图 6-17　焊盘与导通孔连接之间的设计比较示意图

本 章 小 结

PCB设计是表面组装技术的重要组成之一。本章首先介绍了SMB的特点，其功能与通孔插装PCB相同，具有高密度、小孔径、热膨胀系数低、耐高温性能好、平整度高等特点。

其次介绍了SMB设计的具体要求，对于整体设计，SMB的外形一般为长宽比不太大的长方形。由于SMB的尺寸较小，为了更适用于自动化生产，往往将多块板组合成一块板，称为拼板。

接着介绍了过孔的设计、定位孔的设计、工艺边及基准标记的设计、测试点与测试孔的设计及各类SMC/SMD焊盘设计，包括片状元器件焊盘、SOT焊盘、SOP焊盘、PLCC焊盘等。

最后介绍了元器件排列方向的设计要点及焊盘与导线连接的设计要点。

思 考 题

6-1　表面组装印制电路板与通孔插装印制电路板相比有哪些特点？

6-2　简述表面组装印制电路板基准点的分类及位置分布情况。

6-3　请列举常见基准点的形状。

6-4　简述表面组装印制电路板各类焊盘设计的要点。

第 7 章　SMT 生产线

7.1　印刷机及印刷工艺

7.1.1　常见印刷机介绍

焊锡膏印刷工序的目的是为 PCB 上 SMC 焊盘在贴片和再流焊接之前提供焊膏分布，使贴片工序中贴装的元器件能够粘贴在 PCB 焊盘上，同时为 PCB 和元器件的焊接提供适当的焊料，以形成焊点，达到电气连接。

用于印刷的设备称为印刷机。印刷机由机架、夹持基板工作台、印刷头系统、丝网或模板的固定机构等部分组成。按照自动化程度分类，用于 SMT 的印刷机大致分成三种：手动印刷机、半自动印刷机和全自动印刷机。

1. 手动印刷机

手动印刷机是指装卸 PCB、图形对准和所有印刷动作全部由手工完成的印刷机。手动印刷机工作台如图 7-1 所示，其功能部件的作用见表 7-1。

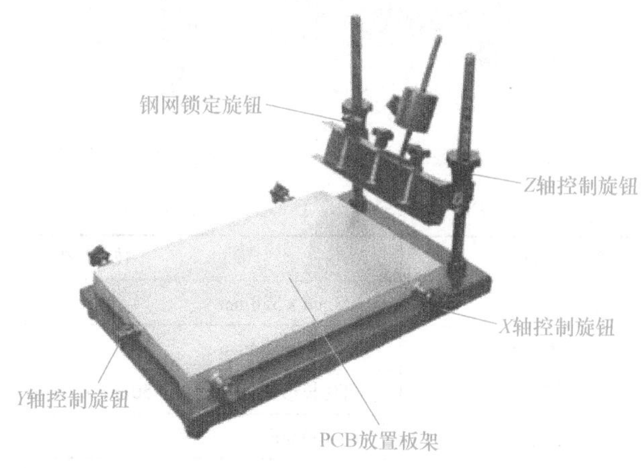

图 7-1　手动印刷机工作台

表 7-1　手动印刷机功能部件的作用

部　　件	功　　能	说　　明
Z 轴控制旋钮	调整 Z 轴（框架高度）	调节印刷模板的高度，左右两个旋钮可独立调整
X 轴控制旋钮	调整 X 轴及旋转角度	调整左右移动或旋转，前后两个旋钮可独立调整
Y 轴控制旋钮	调整 Y 轴	PCB 前后移动调整
钢网锁定旋钮	钢网锁定	用于固定钢网
PCB 放置板架	放置 PCB	PCB 置于该放置板架上

2. 半自动印刷机

(1) 技术指标 半自动印刷机是指手工装卸 PCB，印刷、钢网分离的动作由印刷机自动完成的印刷机。装卸 PCB 是往返式的，完成印刷后装卸 PCB 的工作台会自动退出来，适合多品种、规模较小的生产。图 7-2 所示为 TPE－200SY 型半自动印刷机的外观，其主要技术指标见表 7-2。

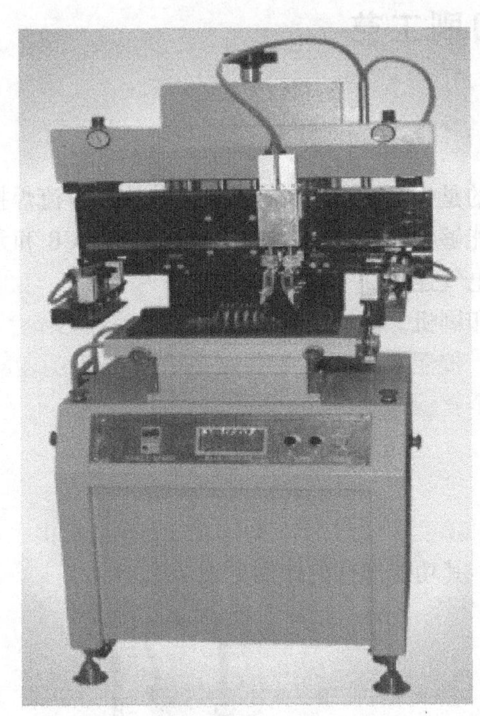

图 7-2 TPE－200SY 型半自动印刷机的外观

表 7-2 TPE－200SY 型半自动印刷机的技术指标

序 号	项 目	技术指标
1	基板尺寸	320mm×520mm
2	印刷台板面积	320mm×520mm
3	网框尺寸	配套长形钢网（最大 550mm×750mm）
4	刮刀速度	0～100mm/s
5	电源	单相、220V、50/60Hz
6	电力消耗	100W
7	PCB 基板厚度	110mm
8	台板微调	前/后：±10mm；左/右：±10mm
9	印刷精度	±0.02mm
10	机器重复精度	±0.02mm
11	使用空气压缩机	4～7kg/cm²
12	机器尺寸	900mm（*L*）×1100mm（*W*）×1680mm（*H*）

（2）操作流程　TPE－200SY 型半自动印刷机的操作流程见表 7-3。

表 7-3　TPE－200SY 型半自动印刷机的操作流程

步　骤	操作流程	提　示
1	按下电源控制开关	接通电源触摸屏显亮 5s 后显示屏面
2	选择点动模式	调试时用点动模式
3	气压检查	气压要在 0.4MPa 以上
4	PCB 固定	保持水平尺寸较大的用支点支撑
5	网板固定	确保网板与 PCB 焊盘一一对应
6	调整刮刀	依该网板设定左右感应开关位置及印刷深度
7	上焊锡膏	使用前要搅拌至半液态
8	选定工作状态	测试时用点动状态

（3）操作要领　TPE－200SY 型半自动印刷机操作要领如下：

1）空气压力：0.4MPa 以上。

2）PCB 固定：PCB 放于台板适中位置。

3）丝印板定位：

① 丝印板与 PCB 对孔——先粗调定位，后左右、前后微调对孔。

② 丝印板与 PCB 上下间距——调顶部间距移动轮，可调丝印板与 PCB 上下间距，同时按两边绿色按钮，丝印板上下动作。

③ 丝印板固定——先气压固定（单击点动工作屏〈网框压紧〉键），再手动固定。

4）刮刀定位：

① 刮刀抬起——销钉顶住。

② 刮刀前后位置——手动可调。

③ 刮刀高低位置——手动调整刮刀旁的固定螺钉可调刮刀高低。

④ 刮刀上下——单击点动工作屏〈左刮刀〉键上下移动刮刀，〈右刮刀〉键上下移动刮刀。

⑤ 刮刀左右移动限位——调左右传感器位置。

5）触摸屏操作：

① 点动——演示时用，在 PCB 数量少时使用，点动工作屏如图 7-3 所示。

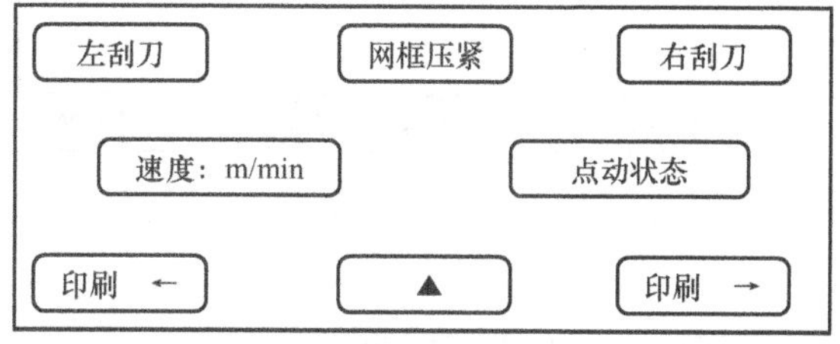

图 7-3　点动工作屏

按键说明：

左刮刀——左刮刀上下移动。

右刮刀——右刮刀上下移动。

网框压紧——气缸预压网板。

速度——设定刮刀移动速度。

点动状态——印刷状态切换为点动或自动。

▲——返回主控界面。

印刷← ——向左点动印刷。

印刷→ ——向右点动印刷。

② 设定——设定参数，在主控界面单击“设定”，则出现第一设定工作屏，如图 7-4 所示。

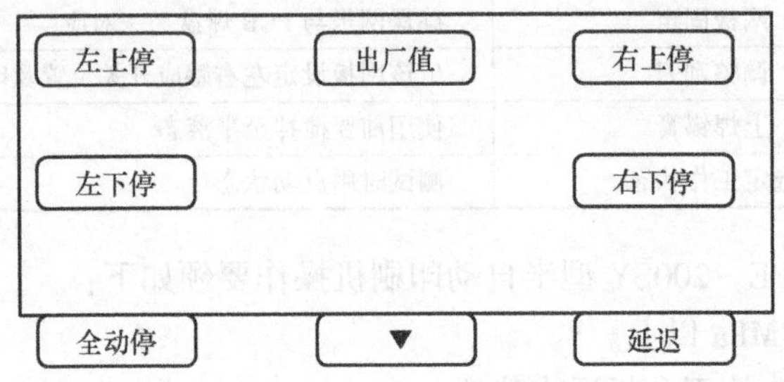

图 7-4　第一设定工作屏

按键说明：

左上停——设定左刮刀在左上停留时间。

右上停——设定右刮刀在右上停留时间。

左下停——设定左刮刀下降后停留时间。

右下停——设定右刮刀下降后停留时间。

全动停——设定自动工作时，网板（钢网）在电路板上停留的时间。

出厂值——设定出厂时各个默认参数。

▼——至第二设定工作屏。

延迟——设定完成一次印刷后刮刀的延时时间。

第二设定工作屏如图 7-5 所示。

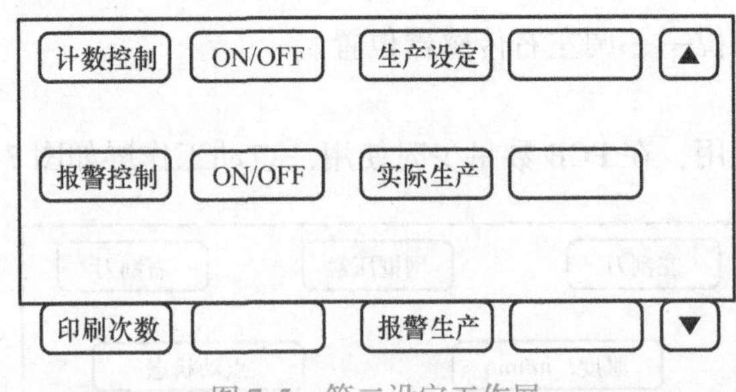

图 7-5　第二设定工作屏

按键说明：

计数控制——ON 为自动计数，OFF 为不自动计数。

报警控制——ON 时，提示清洗网板达到设定数值，要清洗网板（必须设定有效数字，最大为 99，由〈报警生产〉键设定数字，否则蜂鸣器长鸣）。

印刷次数——每一 PCB 的印刷次数（1 或 2）。

生产设定——设定计划生产数（由数字键设定）。

实际生产——显示实际生产数。

报警生产——设定清洗网板数量。

▲——返回上一界面。

▼——转到主控界面。

③ 自动——自动工作，在主控界面单击〈全自动〉键，则出现全自动工作屏，如图 7-6 所示，自动工作一般用于 PCB 数量较多的情况，在使用时必须先设定好参数，否则将不能工作或出现故障。

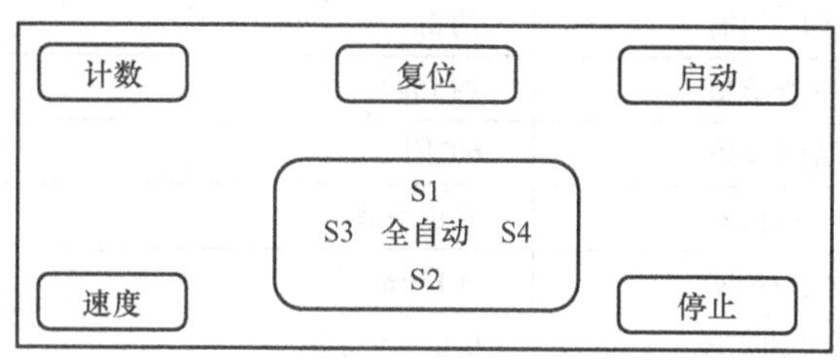

图 7-6　全自动工作屏

按键说明：

计数——生产数量显示。

速度——刮刀移动速度显示。

复位——计数归零。

停止——退出全自动，返回主控界面。

启动——开始全自动印刷，此时应保证刮刀在原点位置。

S1/S2——印刷网板上限/下限显示。

S3/S4——刮刀左限/右限显示。

3. 全自动印刷机

（1）技术指标　全自动印刷机是指装卸 PCB、视觉定位、印刷等所有动作全部自动按照事先编制程序完成的印刷机，完成印刷后，PCB 通过导轨自动传送到贴装机的入口处，适合大批量生产，目前市场上被广泛采用的印刷机品牌有日立、MPM、EDK、BV 等。图 7-7 所示为日立 NP－04LP 全自动印刷机外观，其技术参数见表 7-4。

图 7-7　日立 NP－04LP 全自动印刷机外观

表 7-4　日立 NP-04LP 全自动印刷机的技术参数

序　号	项　目	技术指标
1	基板尺寸	最大 460mm×360mm，最小 50mm×50mm
2	基板厚度	最大 3.0mm，最小 0.4mm
3	钢网尺寸	最大 750mm×750mm，最小 650mm×550mm
4	印刷模式	刮刀向前向后交替式印刷
5	印刷速度	5～200mm/s
6	印刷周期	约 8s
7	工作节拍	约 15s
8	刮刀倾角	60°固定
9	刮刀机构	自由平衡
10	定位精度	±15μm
11	印刷间距	0.0（不可调）
12	电源	三相、AC380V、50Hz
13	使用空气压缩机	0.5MPa
14	机器尺寸	1200mm(L)×1310mm(W)×15000mm(H)

（2）基本结构　全自动印刷机由基板夹持机构、印刷头系统、模板固定机构、PCB 定位系统和为保证印刷精度而配置的其他选件组成。

1）基板夹持机构。基板夹持机构包括工作台面、真空夹持或板边夹持机构、工作台传输控制机构，该机构用来夹持 PCB 使之处于适当的印刷位置。

2）印刷头系统。印刷头系统包括刮刀、刮刀固定机构、印刷头的传输控制系统等。标准的刮刀固定架长为 480mm，可视情况使用 340mm、380mm 和 430mm 的刮刀固定架。用于焊锡膏印刷的刮刀，按形状分类有剑形、菱形和平形，目前最常用的是平形刮刀，刮刀的结构和形状如图 7-8 所示，按制作材料的不同可分为聚氨酯橡胶刮刀和金属刮刀两类。刮刀两侧长度要比所加工的 PCB 边长 13～38mm，以保证完整的印刷。

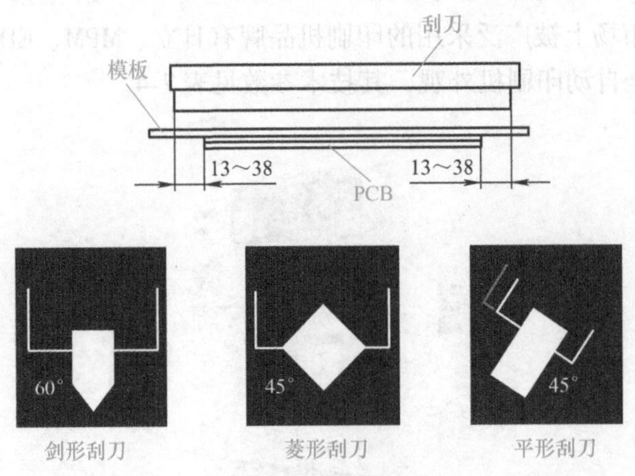

图 7-8　刮刀的结构和形状

3）模板固定机构。模板固定机构可采用滑动式钢网固定装置，如图7-9所示。松开锁紧杆，调整钢网安装框，可以安装或取出不同尺寸的钢网。安装钢网时，将钢网放入安装框，抬起一点，轻轻向前滑动，然后锁紧。钢网允许的最大尺寸是750mm×750mm。当钢网安装架调整到650mm时，选择合适的锁紧孔锁紧，这是极限位置，超出这个位置，印刷台将发生冲撞。

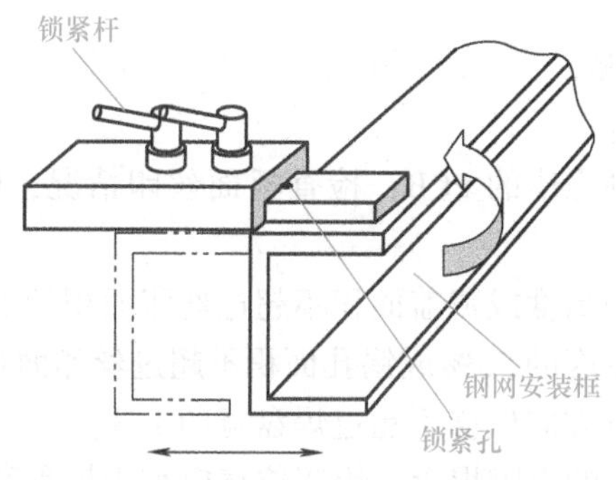

图7-9 滑动式钢网固定装置

4）PCB定位系统。PCB定位系统用来修正PCB的加工误差。为了保证印刷质量的一致性，使每一块PCB的焊盘图形都与模板开口相对应，每一块PCB印刷前都要使用PCB定位系统定位。

（3）印刷工艺流程 标准印刷工艺流程框图如图7-10所示。

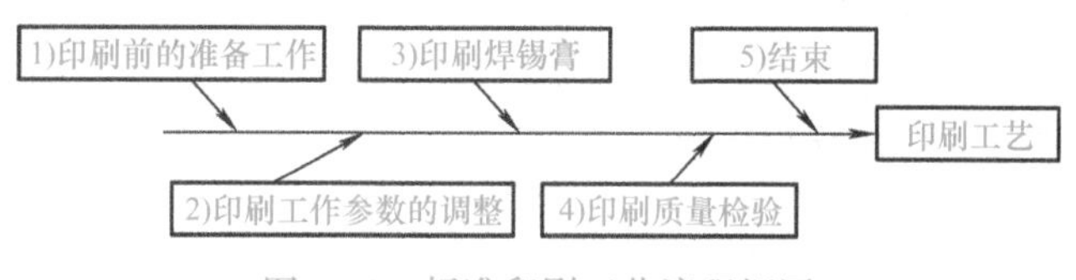

图7-10 标准印刷工艺流程框图

1）印刷前的准备工作。印刷前的准备工作主要包括检查印刷工作电压与气压、熟悉产品的工艺要求、确认软件程序名称是否为当前生产机种、检查焊锡膏、PCB的检查及模板的检查等。

2）印刷工作参数的调整。接通电源和气源后，印刷机进入开通状态（初始化），对新生产的PCB，首先要输入PCB长、宽、厚以及定位识别标志（MARK）的相关参数，同时还应输入印刷机的各工作参数：印刷行程、刮刀压力、刮刀运行速度、PCB高度、模板分离速度、模板清洗次数与方法等相关参数。相关参数设定好后，即可放入模板，使模板窗口位置与PCB焊盘图形位置保持在一定范围之内（机器能自动识别），同时安装刮刀，进行试运行，此时应调节PCB与模板之间的间隙，通常应保持在“零距离”。

3）印刷焊锡膏。正式印刷焊锡膏时应注意焊锡膏的初次使用量不宜过多，一般按PCB尺寸来估计。参考量如下：A5幅面约200g；B5幅面约300g；A4幅面约350g。在使用过程中，应注意补充新焊锡膏，保持焊锡膏在印刷时能滚动前进。注意印刷焊锡膏时的环境质量：无风、洁净、温度23℃±3℃，相对湿度<70%。

4）印刷质量检验。

5）结束。当一个产品完工或结束一天工作时，必须将模板、刮刀全部清洗干净。工作结束应让机器退回关机状态，并关闭电源与气源，同时应填写工作日志表并进行机器保养工作。

7.1.2 印刷质量检验和实操

1. 表面组装印刷检验操作步骤

对于模板印刷质量的检测，目前采用的方法主要有目测法、二维检测/三维检测。表面组装印刷检验操作步骤如下：

1）从印刷机上取出印刷完毕的 PCB，检查板面丝印情况，印刷焊锡膏与焊盘应一致，无短路、涂污、塌陷等现象。

2）锡尖高度不超过丝印高度或覆盖面积不超过丝印面积的 10%。

3）锡孔深不超过丝印厚度的 50% 或锡孔面积不超过丝印面积的 20%。

4）焊盘垂直方向和平行方向位移不超过焊盘宽的 1/3。

5）IC、排插等有脚部件的引脚焊盘、锡浆位移应小于焊盘宽的 1/4。

6）IC、排插等有脚部件的锡浆不能出现短路、污染、塌陷的不良现象。

7）板面要清洁，无残余锡浆、杂物。

8）接板时应戴上防静电腕带拿取板边。

9）重点检查 IC 位置丝印效果。

10）发现丝印不良，立即会同工程师解决，同种丝印不良 3 次以上时，生产部和工程部应采取改善行动。

2. 表面组装印刷常见问题及解决措施

优良的印刷图形应是纵横方向均匀挺括、饱满，四周清洁，焊锡膏沾满焊盘。用这样的印刷图形贴放元器件，经过再流焊将得到优良的焊接效果。如果印刷工艺出现问题，将产生不良的印刷效果。印刷工艺中经常会出现很多问题，常见问题、原因与解决措施见表 7-5。

表 7-5　表面组装印刷常见问题、原因与解决措施

常见问题	原　因	解决措施
桥连	刮刀工作面存在倾斜	调整刮刀的平整度
	印刷模板与基板之间间隙过大	调整印刷参数，改变印刷间隙
	刮刀压力过大	调整刮刀压力
	刮刀角度不合适	调整刮刀角度
	模板底部有焊锡膏	清洗模板
焊锡膏过多	模板窗口尺寸过大	调整窗口尺寸
	模板与 PCB 之间的间隙过大	调整印刷参数
位移	模板和基板的位置对准不良	调整印刷偏移量
	模板制作不良	更换模板
	印刷机印刷精度不够	调整印刷机参数

（续）

常见问题	原　因	解决措施
焊锡膏不足	模板的网孔被堵	清洗模板
	刮刀压力太小	调整印刷参数，增大刮刀压力
	焊锡膏流动性差	选择合适焊锡膏
	温度过高，溶剂挥发，黏度增加	开启空调，降低温度
塌陷	焊锡膏金属含量偏低	增加焊锡膏中的金属含量
	焊锡膏黏度太低	增加焊锡膏黏度
	印刷的焊锡膏太厚	减小印刷焊锡膏厚度
厚度不一致	模板与PCB不平行	调整模板与PCB的相对位置
	焊锡膏搅拌不均匀	印刷前充分搅拌焊锡膏
模糊	焊锡膏金属含量偏低	增加金属中的金属含量
	焊锡膏黏度太低	增加焊锡膏黏度
	环境温度偏低	调整环境温度
	印刷参数设置不当	调整印刷参数

3. 焊锡膏印刷操作实训

（1）实训目的　实训目的如下：

1）掌握焊锡膏的保存和使用方法。

2）了解印刷机的工作原理。

3）掌握焊锡膏印刷的工作步骤及印刷工艺方法。

（2）实训要求　实训要求如下：

1）进入SMT实训室时要穿戴防静电工作服和防静电鞋。

2）必须在老师的指导下操作设备、仪器、工具。

3）与实训无关的物品不能带入实训基地，要保持室内的环境卫生。

（3）实训设备　实训设备见表7-6。

表7-6　实训设备

序　号	器　材	单　位	备　注
1	手动印刷机	台	全班公用
2	半自动印刷机	台	全班公用
3	六角扳手	把	
4	螺钉旋具	把	
5	焊锡膏	罐	
6	金属模板	块	
7	刮刀	把	
8	洗板水	瓶	
9	无尘布	块	

（4）印刷前的准备工作　准备工作如下：

1）熟悉产品的工艺要求。

2）按照产品工艺文件领取经检验合格的 PCB，如果发现领取的 PCB 受潮或受到污染，则应进行清洗、烘干处理。

3）准备焊锡膏：按照产品工艺文件的规定选用焊锡膏，并提早对焊锡膏进行回温搅拌处理。

4）检查模板：模板应当完好无损，漏孔完整、不堵塞。

5）设备状态检验：对于半自动印刷机，在印刷前要保证所有的设备开关必须处于关闭状态，且空气压缩机电压需要接通，检测气压。

（5）实训内容　实训内容如下：

1）讲解和演示焊锡膏及其使用方法。

2）讲解和演示手动印刷工艺流程。

3）讲解和演示半自动印刷机工艺流程。

（6）实训报告　按照上述实训过程书写实训报告。

7.2 贴片机及印刷工艺

7.2.1 贴片机简介

1. 贴片机分类

贴片机又称拾放机、贴装机。贴片机相当于机器人的手臂，把元器件按照事先编制好的程序从它的包装中取出，并贴放到 PCB 相应的位置上。SMT 生产线的贴装功能主要取决于贴片机的功能与速度。

贴片机的分类大致有以下几种：

1）根据动作方式，贴片机可分成拱架型贴片机和转塔型贴片机。拱架型贴片机也称动臂式贴片机，也可以称为平台式结构或者过顶悬梁式结构。拱架型贴片机根据贴装头在拱架上的布置情况可细分为动臂式（见图 7-11）、垂直旋转式（见图 7-12）与转塔式（见图 7-13）三种。

2）按照自动化程度，贴片机可分为手动贴片机、半自动贴片机、全自动（机电一体化）贴片机。

3）根据功能和速度，贴片机可分为高精度多功能贴片机和高速贴片机。

4）根据送料器位置与贴装头数量的多少，贴片机可分为大型贴片机、中小型贴片机和复合型贴片机。

5）按照贴装元器件的工作方式，贴片机有四种类型：流水作业式、顺序式、同时式和顺序-同时式，如图 7-14 所示。它们在组装速度、精度和灵活性方面各有特色，要根据产品的品种、批量和生产规模进行选择，目前使用最多的是顺序式贴片机。

① 流水作业式贴片机。所谓流水作业式贴片机，是指由多个贴装头组合而成的流水线式的机型，每个贴装头负责贴装一种或 PCB 上某一部位的元器件。这种机型适用于元器件

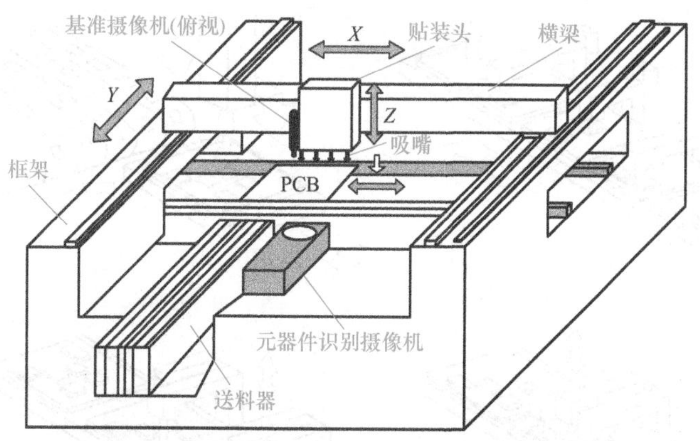

图 7-11 动臂式拱架型贴片机的工作示意图

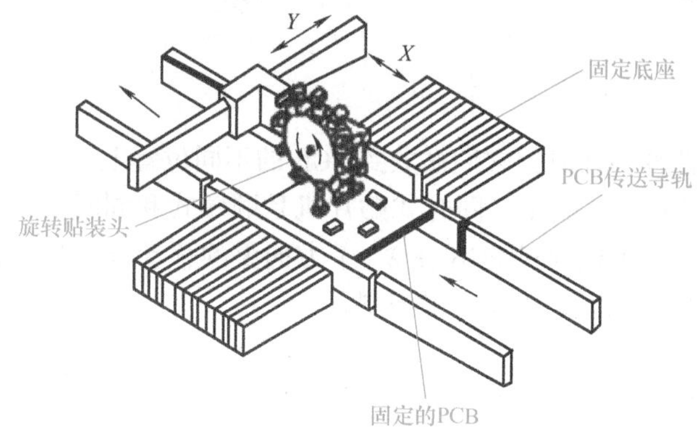

图 7-12 垂直旋转式拱架型贴片机的工作示意图

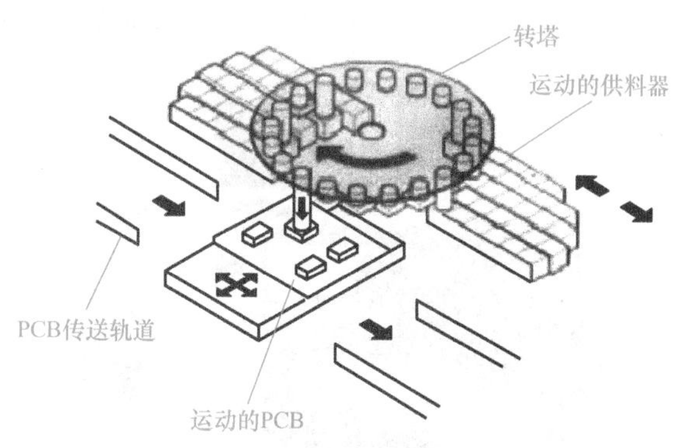

图 7-13 转塔式拱架型贴片机的工作示意图

数量较少的小型电路。

② 顺序式贴片机。顺序式贴片机由单个贴装头顺序地拾取各种片状元器件。固定在工作台上的 PCB 由计算机控制在 *X*、*Y* 方向上的移动，使贴装元器件的 PCB 位置恰好位于贴装头的下面。

③ 同时式贴片机。同时式贴片机也叫多贴装头贴片机，它有多个贴装头，分别从供料

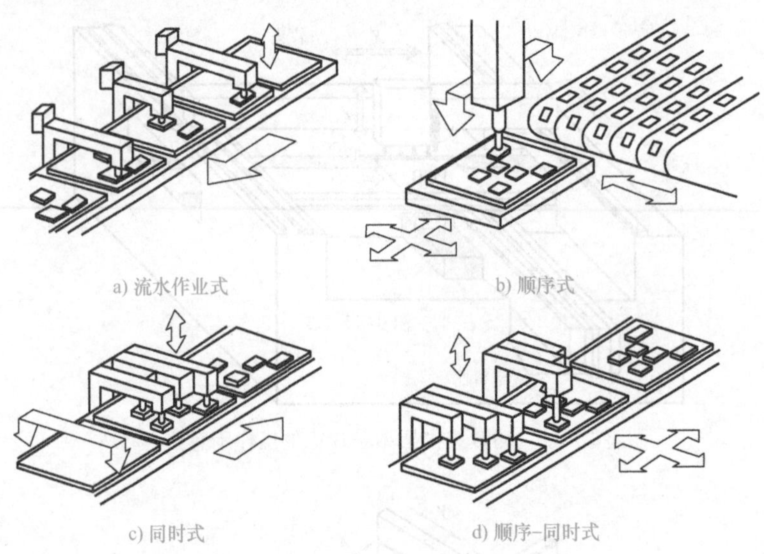
a) 流水作业式
b) 顺序式
c) 同时式
d) 顺序-同时式

图 7-14　贴片机的类型

系统中拾取不同的元器件，同时把它们贴放到 PCB 的不同位置上。

④ 顺序-同时式贴片机。顺序 - 同时式贴片机是顺序式和同时式两种机型功能的组合。片状元器件的放置位置，可以通过 PCB 在 X、Y 方向上的移动或贴装头在 X、Y 方向上的移动来实现，也可以通过两者同时移动实施控制。

2. 自动贴片机的基本结构

自动贴片机主要由设备本体，PCB 传输定位装置，贴装头的 X、Y 定位传输装置，起动系统，电力驱动系统，贴装头，传感器，送料器，吸嘴，视觉对中系统，计算机控制系统，报警灯，送料器预设器，显示器，手持键盘等部件组成。自动贴片机的外形如图 7-15 所示。

图 7-15　自动贴片机的外形

（1）设备本体　设备本体用来安装和支撑贴片机的底座，一般采用质量大、振动小、有利于保证设备精度的铸铁件制造。

（2）贴装头　贴装头也叫作吸放头，是贴片机上最复杂、最关键的部分，它相当于机械手，它的动作由“拾取—贴放”和“移动—定位”两种模式组成。贴装头通过程序控制，完成三维往复运动，实现从供料系统取料后移动到电路基板指定位置上的操作。

贴装头的种类分为单头和多头两大类，多头贴装头又分为固定式贴装头和旋转式贴装头两种，旋转式贴装头包括垂直旋转/转盘式贴装头和水平旋转/转塔式贴装头两种。固定式单头和固定式多头由于工作时只做 X、Y 方向的运动，故均属于平动式贴装头。固定式多头系统的外观如图 7-16 所示。

图 7-16　固定式多头系统的外观

1）垂直旋转/转盘式贴装头。旋转头上安装有 6～30 个吸嘴，工作时每个吸嘴均吸取元器件，并能调整角度，吸嘴中都装有真空传感器与压力传感器。垂直旋转/转盘式贴装头工作示意图如图 7-17 所示。

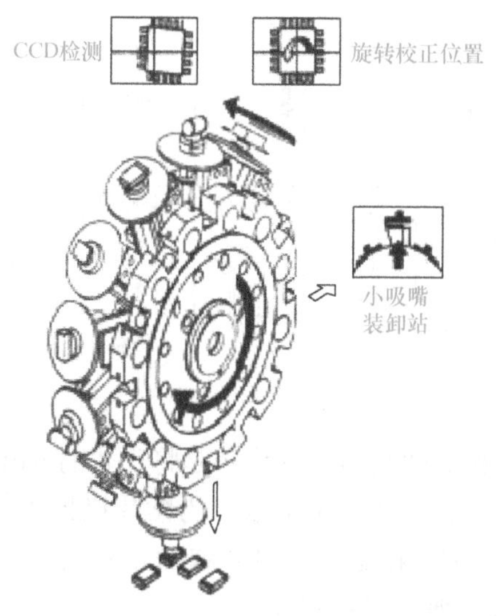

图 7-17　垂直旋转/转盘式贴装头工作示意图

2）水平旋转/转塔式贴装头。转塔的概念是将多个贴装头组装成一个整体，贴装头有的在一个圆环内呈环形分布，也有的呈星形放射状分布，工作时这一贴装头组合在水平方向顺时针旋转，故此称为转塔，如图 7-18 所示。

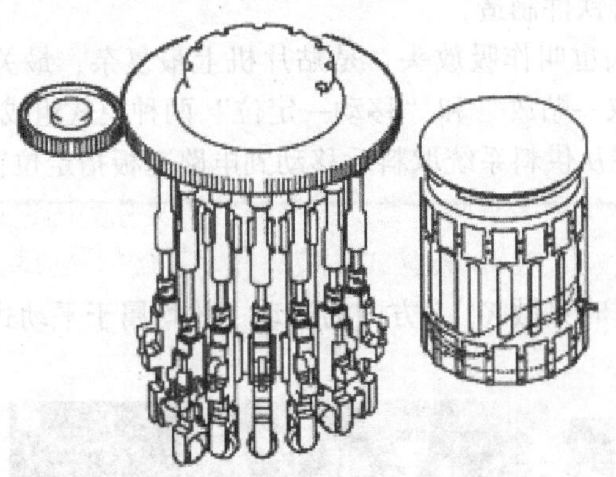

图 7-18 水平旋转/转塔式贴装头结构图

(3) 传感器 为了使贴片机各种机构能协同工作，贴片机中安装有多种形式的传感器，它们像贴片机的眼睛一样，时刻监督机器的运转情况，并能有效地协调贴片机的工作状态。贴片机中传感器的种类繁多，主要包括压力传感器、负压传感器、位置传感器、图像传感器、激光传感器、区域传感器、贴装头压力传感器等。贴片机中的传感器应用越多，表明贴片机的智能化水平越高。如图 7-19 所示，负压的变化反映了吸嘴吸取元器件的情况。

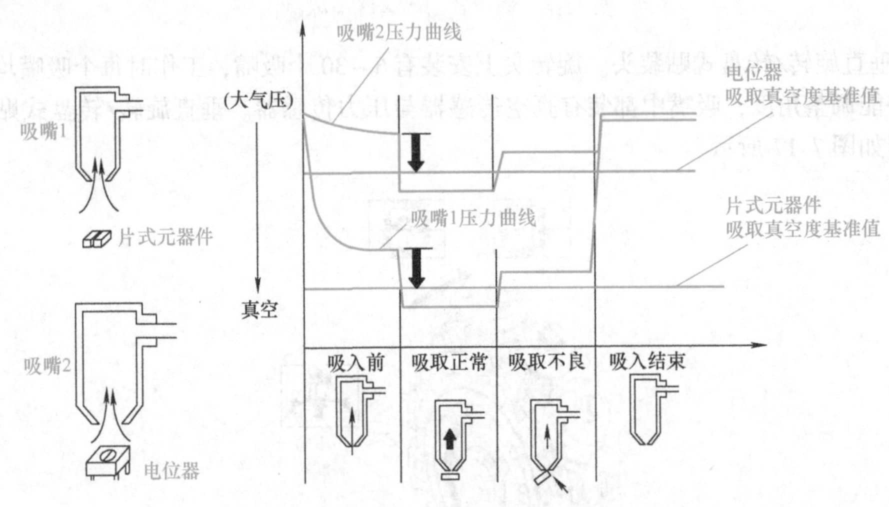

图 7-19 负压的变化反映了吸嘴吸取元器件的情况

(4) 送料器 送料器也称为喂料器，其作用是将片式的 SMC/SMD 按照一定的规律和顺序提供给贴装头，以方便贴装头吸嘴准确拾取，为贴片机提供元器件进行贴片。送料器按机器品牌及型号进行区分，一般来说，不同品牌的贴片机所使用的送料器是不同的，但相同品牌不同型号的贴片机一般都可以通用。根据 SMC/SMD 包装的不同，送料器通常有带状送料器、管状送料器、盘状送料器和散装送料器等几种，具体关于送料器的分类及操作方法将在 7.2.2 中详细介绍。

(5) 吸嘴 吸嘴是贴装头上进行拾取和贴放的贴装工具，它是贴装头的心脏。常见的

吸嘴外观如图 7-20 所示。吸嘴拾起元器件并将其贴放到 PCB 上，一般有两种方式：一是根据元器件的高度，事先输入元器件的厚度，当吸嘴下降到此高度时，吸嘴真空释放并将元器件贴放到焊盘上，采用这种方法可能会引起元器件移位或飞片的缺陷；另一种方法是吸嘴根据元器件与 PCB 接触瞬间产生的反作用力，在压力传感器的作用下实现贴放的软着陆，又称为 *Z* 轴的软着陆，故贴片时不易出现移位与飞片缺陷。

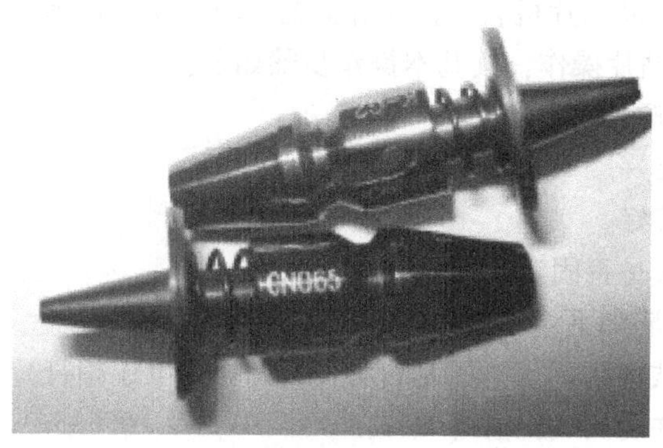

图 7-20　吸嘴外观

（6）视觉对中系统　视觉对中系统在工作过程中首先对 PCB 的位置进行确认，当 PCB 输送至贴片位置上时，安装在贴装头的 CCD（电荷耦合器件图像传感器）首先通过对 PCB 上定位标志的识别，实现对 PCB 位置的确认，使贴装头能把元器件准确地释放到一定的位置上。接着是对元器件的确认，包括元器件的外形是否与程序一致，元器件的中心是否居中，元器件引脚的共面性和形变，保证元器件引脚与 PCB 焊盘重合。视觉对中系统工作示意图如图 7-21 所示。

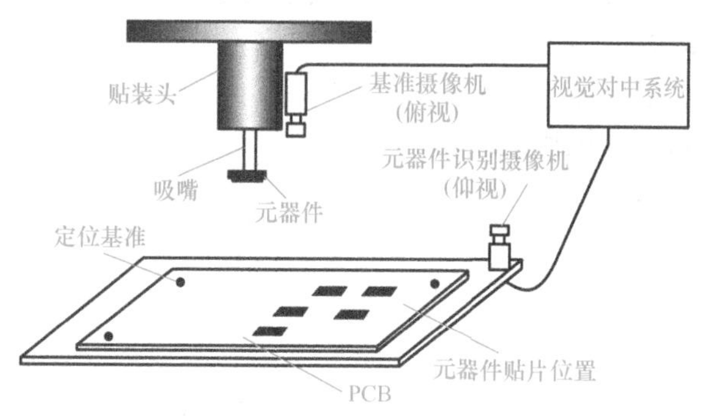

图 7-21　视觉对中系统工作示意图

视觉对中系统的对齐方式一般分为俯视对齐、仰视对齐、头部对齐和激光对齐，视安装位置或摄像机的类型而定。

（7）计算机控制系统　计算机控制系统是指挥贴片机进行准确有序操作的核心，目前大多数贴片机的计算机控制系统采用 Windows 操作系统，可以通过高级语言软件或硬件开关，在线或离线编制计算机程序并自动进行优化，控制贴片机的自动工作步骤。每个片状元器件的精确位置，都要编程输入计算机，具有视觉检测系统的贴片机，也是通过计算机实现对 PCB 上贴片位置的图形识别。

7.2.2 典型贴片机应用

1. 自动贴片机的操作方法

本节以 BV－TC1706 型贴片机为例，介绍自动贴片机的操作方法。用户可以通过 BV－TC1706－3DSG 系列全自动贴片机软件操作界面的菜单、操作提示，导入 PCB 坐标或机械调整，便捷地设置与完成贴片操作，其基本操作步骤如下：

（1）装置检查　步骤如下：

1）检查电源是否接好。

2）检查气源是否接好。

3）检查各机械模块是否固定连接正常。

（2）开机操作　步骤如下：

1）接电源线（接线前请确认电压是否与设备的指定电压相符）。

2）接压缩气管，并确认气压值（气压值设定为 0.55～0.65MPa）。

3）打开总电源，工控机启动，进入 Windows 操作系统。

4）双击桌面上的 SMT606. exe，启动贴片机运行程序。

5）单击登录按键和启动按键，机器进行初始化。

6）机器设备初始化完成，设备启动完成。

（3）生产　步骤如下：

1）调整轨道宽度，进行进板和出板测试。

2）在生产主界面调入编写的工程文件，直接进行生产。

（4）退出生产　步骤如下：

1）单击退出按键，退出运行程序。

2）关闭工控机 Windows 操作系统。

（5）关机　步骤如下：

1）关闭贴片机电源。

2）关闭贴片机气源。

2. 送料器的操作方法

（1）送料器的分类　根据 SMC/SMD 包装的不同，送料器通常分为带状送料器、管状送料器、托盘送料器和散装送料器等。

1）带状送料器。带状送料器用于编带包装的各种元器件，其外观如图 7-22 所示。由于 SMC/SMD 编带包装数量比较大，而且不需要经过续料，人工操作量小，出错概率低，因此，带状送料器使用最为广泛。带状送料器的规格通常是根据盘装元器件包装的编带宽度来确定的，通常可分为 8mm、12mm、16mm、24mm、32mm、44mm、56mm、72mm 等几种，其中，12mm 以上的带状送料器输送间距可根据组件情况进行调整。

2）管状送料器。管状送料器又叫振动飞达，其作用是把管子内装有的元器件按照顺序送到吸嘴位置，以供贴片机吸嘴吸取，其外观如图 7-23 所示。管状送料器采用加电的方式

图 7-22　带状送料器外观

产生机械振动来驱动元器件，使得元器件缓慢地移动窗口位置，并通过调节料架振幅来控制进料的速度。由于管状送料器需要一管一管地送料，人工操作量大，而且容易产生差错，所以一般只用于小批量生产。

图 7-23　管状送料器外观

3）托盘送料器。托盘送料器又称为华夫盘送料器，主要用于 PLCC、QFP、BGA 等集成电路器件。托盘可分为手动换盘式、半自动换盘式和自动换盘式三种类型。托盘送料器按照结构形式可分为单盘式和多盘式两种类型，其中，单盘式续料的概率比较大，影响生产效率，一般只适用于小批量生产，而多盘式送料器克服了单盘式的上述缺点，目前被广泛使用。

4）散装送料器。散装送料器为一套线性振动轨道，随着轨道振动，元器件在轨道上排列，进而实现送料器的送料。散装送料器一般用在小批量的生产中，大规模的生产中一般应用很少，而且这种送料器只适用于矩形和圆柱形的片式元器件，不适用具有极性的片式元器件。

（2）送料器的使用方法　对于送料器的使用，需要遵守以下规则：

1）需要根据来料的宽度、元器件间距和类型等选择合适的送料器。以最常见的编带包装元器件来说，一般根据编带的宽度来选择送料器，一般编带的宽度为 4 的倍数，如 8mm、12mm、16mm、24mm 等，不同品牌的送料器类型不一样。

2）必须佩戴防静电手套进行操作，且在上料过程中，要轻拿轻放送料器。

3）送料器上的送料间隔需要送料维修人员来进行调整。

现在以最常见的带状送料器来讲解送料器的使用方法：

1）检查生产物料，需要注意的是，需要将塑料盖带预留大约20cm的长度，如图7-24所示。

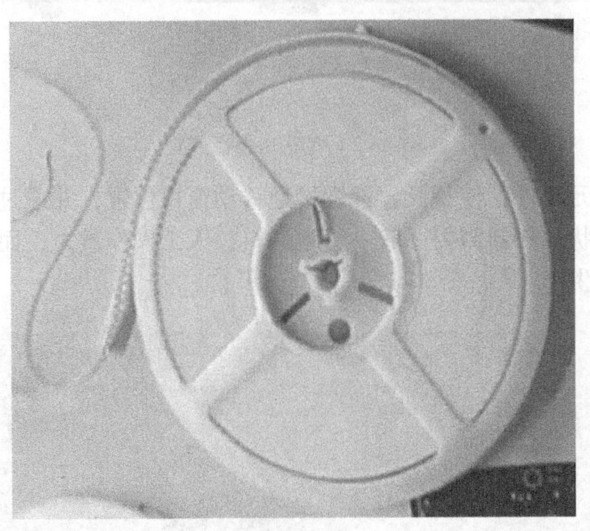

图7-24　检查生产物料

2）根据编带宽度确定所用带状送料器的类型。

3）检查所选送料器有无异常，如是否黏附杂物等。

4）打开送料器，将编带穿过送料器枪口，将盖带按要求安装在送料器上，如图7-25所示。

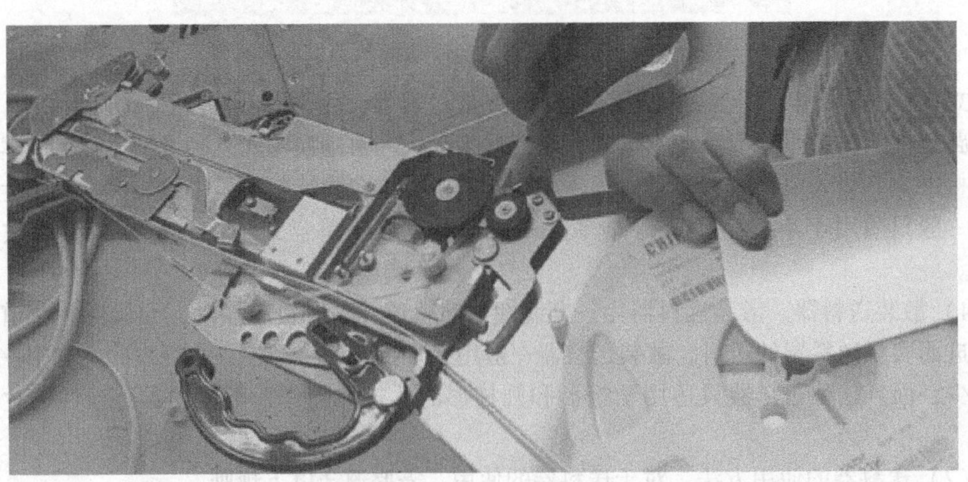

图7-25　编带安装示意图

5）将送料器安装在送料台上，安装时要注意送料器和送料台垂直放置，轻拿轻放。

6）在换盘上料时先确认编码和方向，然后再按照上料表的方向进行上料。

7.2.3 典型贴片机编程

贴片机是用来实现高速、高精度地贴放元件[⊖]的设备。贴片机编程是指通过按规定的格式或语法编写一系列的工作指令，让贴片机按预定的工作方式进行贴片工作。一般每个工厂都有自己的编程方式，这个很灵活，可以自己编写小软件，可以购买专业的离线软件，也可以采用设备厂家自带的编程软件，如雅马哈、三星、富士等贴片机厂家。现以BV－TC1706为例讲解贴片机的编程步骤。

1. 软件界面

图7-26所示为BV－TC1706在线式贴片机编程软件的工作界面。

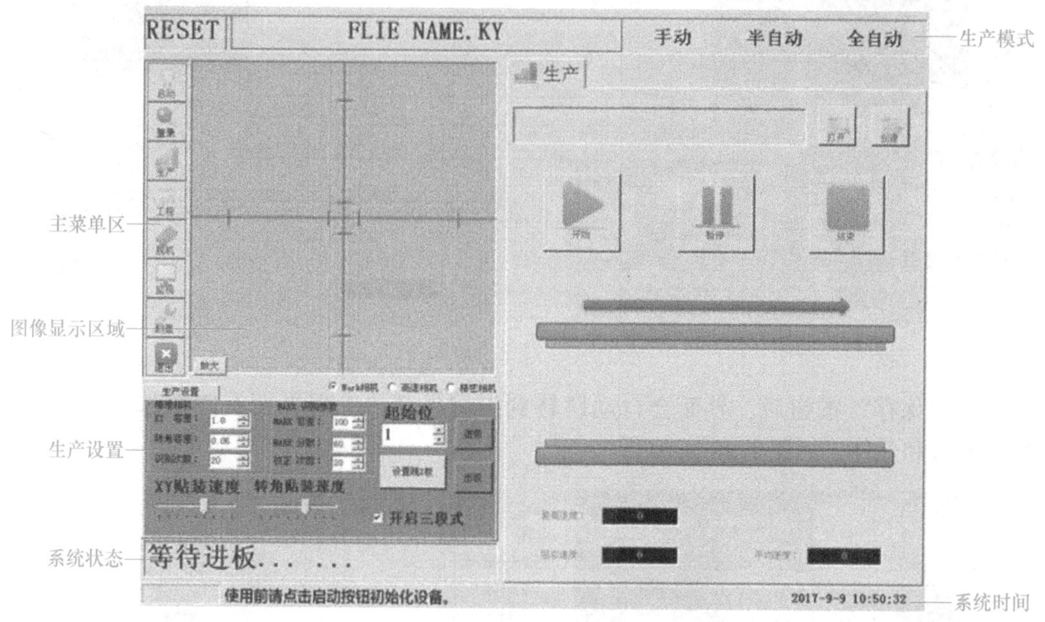

图7-26 贴片机编程软件工作界面

软件工作界面包括以下要素：

（1）主菜单区 软件系统的一级菜单，供用户设置基础参数、机器参数、编辑程序。

（2）图像显示区域 实时显示MARK相机、高速相机、精密相机的图像。

（3）生产设置 设置各相机的容差值、贴片速度、起始位置、开启安全门后的动作。

（4）系统状态 用于显示贴片机正常工作或故障状态。

（5）生产模式 生产模式是贴片机正常运行时的工作模式。在生产模式下，“打开”表示打开已经编好的PCB程序。而“创建”表示重新创建一个PCB程序。

（6）系统时间 表示当前系统时间。

2. 创建一个新工程

要创建一个新工程，需按照下述步骤进行：生产→创建→命名，这个名字可以是PCB

⊖ 为使图文统一，本节中“元器件”统一为“元件”。

的名称，也可以是日期。新工程创建过程如图 7-27 所示。

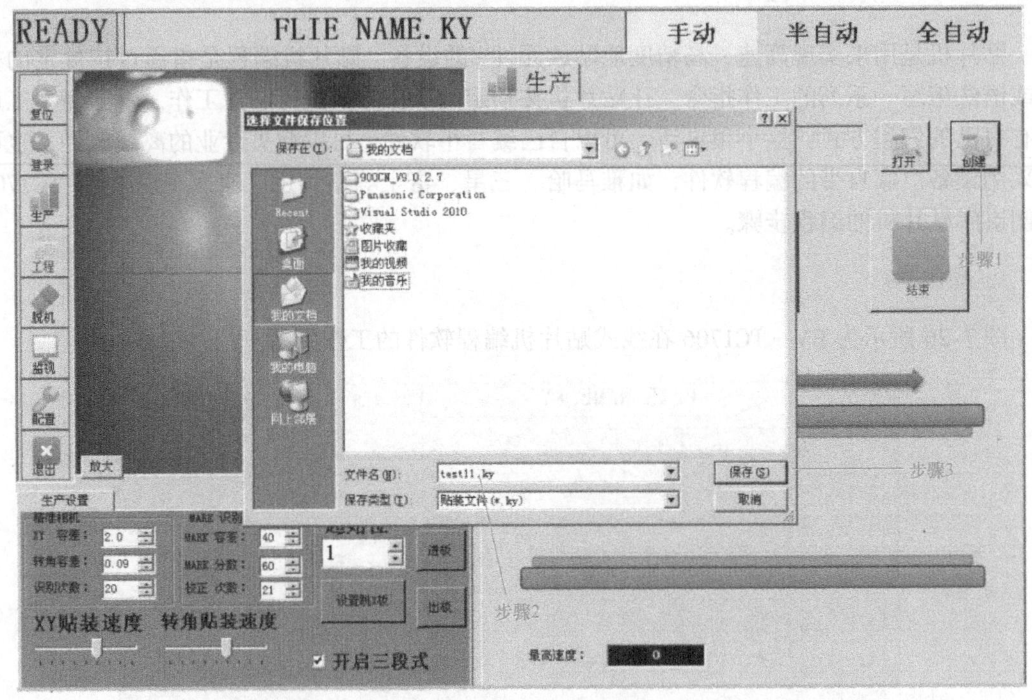

图 7-27　新建工程界面

单击“保存”按钮后，界面会自动跳转到工程界面，工程界面有四个选项卡：基板、贴装、导入和元件，如图 7-28 所示。

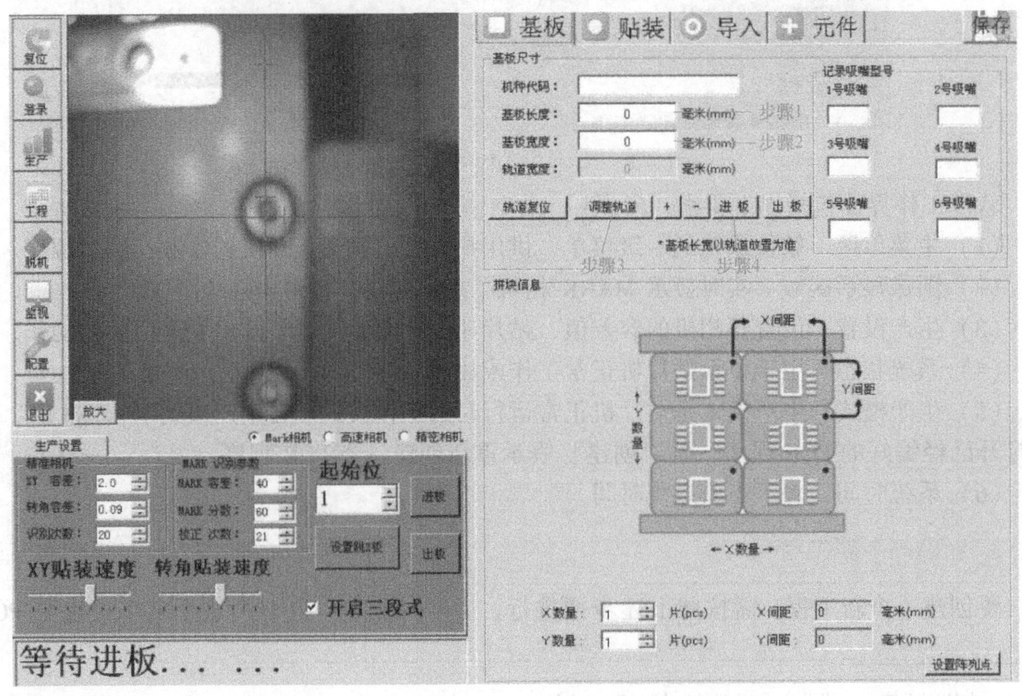

图 7-28　工程界面

新工程创建完毕后，需要在“基板”选项卡中填写 PCB 基板的长度和宽度，填好后单击“调整轨道”按钮，在进板处放一块 PCB 基板，然后单击“进板”按钮，使 PCB 基板进入机器并且用顶板固定好。至此，一个新工程创建完毕。

3. 新建元件

要完成一个完整的贴片程序，除了设置基板信息之外，还需要设置元件信息和贴装信息。其中，元件信息包含了物料的各种信息，正确的编辑能使得贴装头准确地定位拾取物料。而贴装信息的正确编辑使得贴装头将所拾取的物料准确地贴放到 PCB 基板的相应位置。元件信息的设置包含了元件编辑和元件参数的修改，下面详细介绍相应步骤。

（1）元件编辑　步骤如下：

1）进入“元件”选项卡界面，如图 7-29 所示。

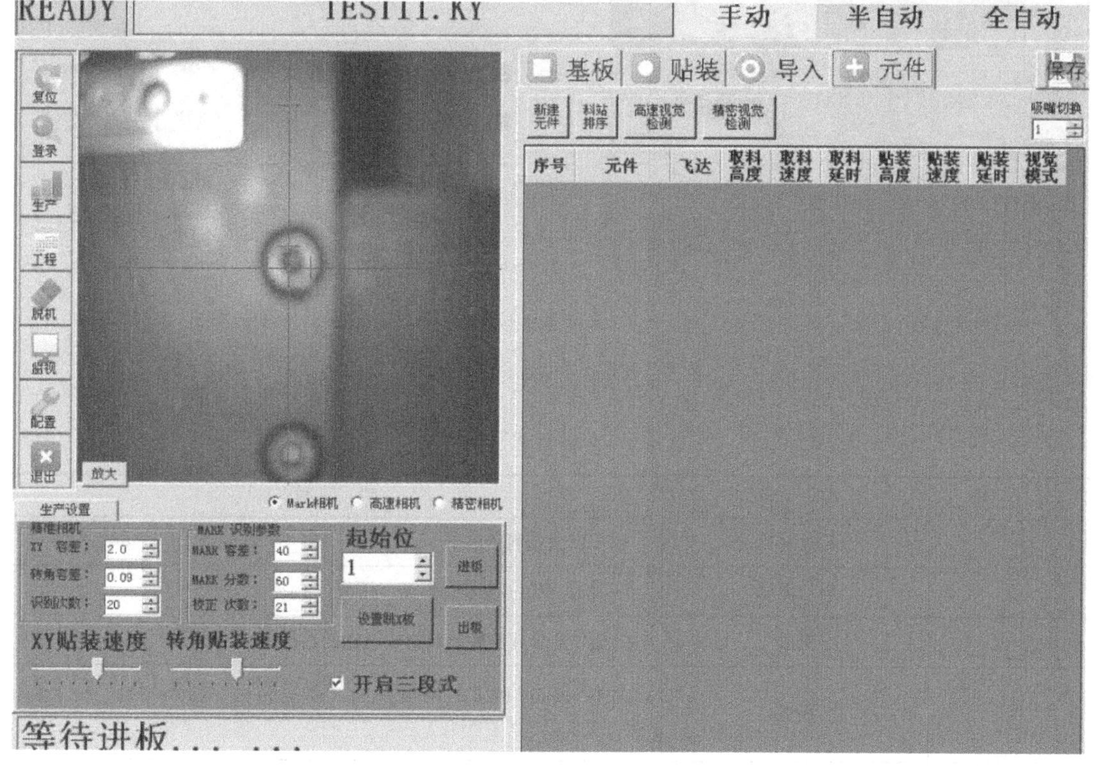

图 7-29　“元件”选项卡界面

2）单击“新建元件”按钮进入元件设置界面，如图 7-30 所示。

需要设置的项目见表 7-7。

3）输入完元件名称，选择完料站类型、料位、视觉后，单击“MARK 相机定位”按钮，此时 MARK 相机会移动到所选料位附近。

4）然后单击“打开飞达”按钮，移动 *X*、*Y* 轴，使红色的十字刻度对准飞达出来的第一个料，单击“记录当前坐标”按钮，如图 7-31 所示，此时，1# ~ 6#吸嘴对应此飞达的坐标全部记录保存完毕。

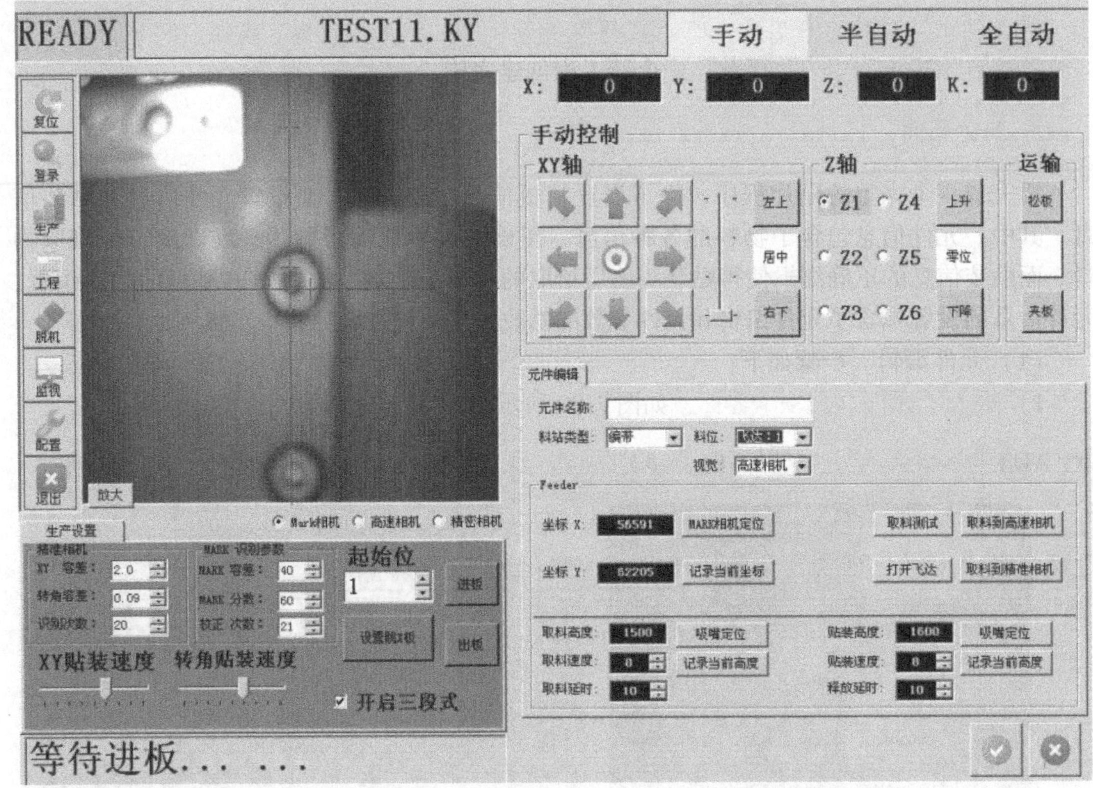

图 7-30　元件设置界面

表 7-7　元件设置项目介绍

序　号	项　目	说　明
1	元件名称	需要设置物料的名字
2	料站类型	一共有三类（编带、料管、托盘）
3	料位	飞达①站号（此种物料对应飞达的站位号）
4	视觉	取料后识别相机的识别方式（高速相机、精准相机、快速精准、无）
5	飞达坐标	此种物料的取料位置
6	取料高度	各个吸嘴需要分别设置，目测吸嘴弹簧收缩 1/3 时的高度
7	取料速度	编带：7～9 片/s；料管：5～8 片/s；料盘（托盘包装）：1～4 片/s
8	取料延时	编带：1～5ms；料管：5～10ms；料盘：20ms 以上

① 飞达即送料器。

5）单击“吸嘴定位”按钮，此时 1#吸嘴会移动到刚才红色十字刻度所对的正上方，单击“下降”按钮使 1#吸嘴下降到刚好接触到物料为准，如图 7-32 所示，单击取料栏处的“记录当前高度”按钮，吸料高度保存后 1#吸嘴自动上升回零点。

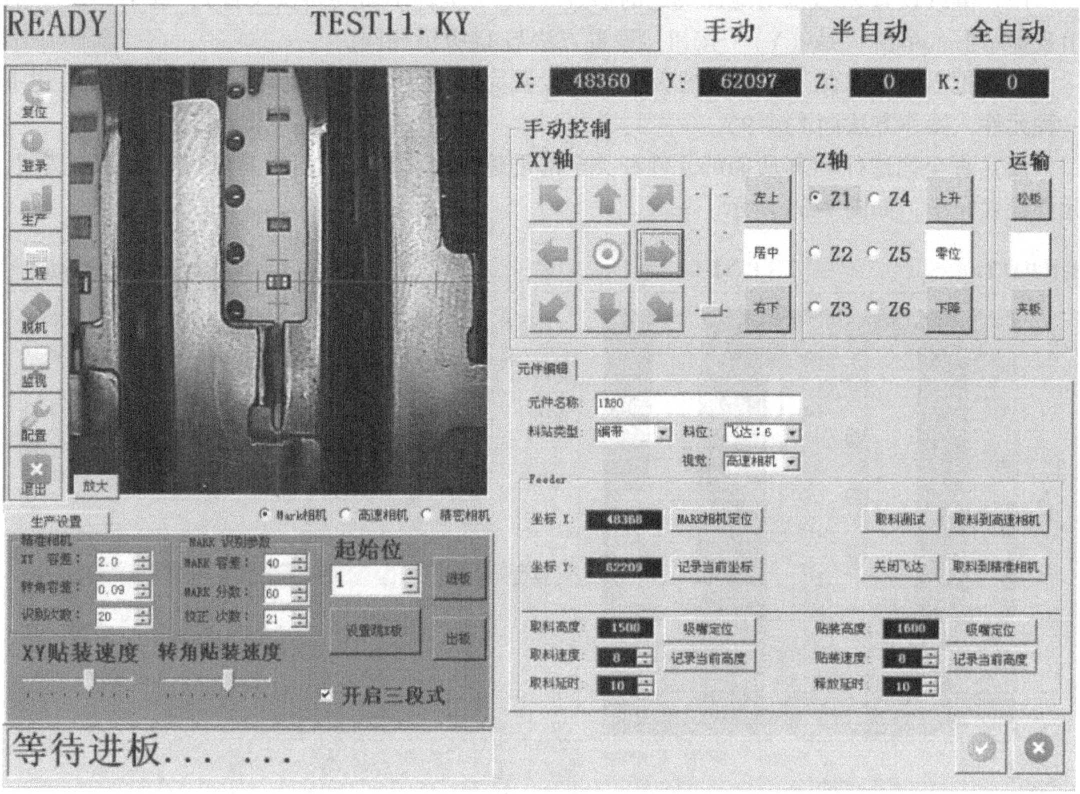

图 7-31　飞达 *X*、*Y* 轴坐标记录界面

图 7-32　吸嘴高度设置

6）移动 1#吸嘴到 PCB 的上方，单击“下降”按钮，使 1#吸嘴刚好接触到 PCB。

7）单击贴装栏处的“记录当前高度”按钮，贴装高度保存后 1#吸嘴自动上升回零点。

8）取料/贴装速度设定。

9）取料/贴装延时设定。这时 1#吸嘴对应此飞达的参数已经设置完毕，单击“取料测试”按钮，测试是否能正常取料。

10）继续设置2#吸嘴对应此飞达的参数（X、Y坐标不需要再次设置），选中“Z2”后出现提示框，单击“是（Y）”按钮，设置方法与1#吸嘴相同。

11）把需要吸取此飞达物料的吸嘴全部设置完毕后，单击“正确”按钮，然后新建下一种元件，操作方法同1）~9）。

12）直至把这种PCB所需的元件种类全部创建完成，单击界面右上角的“保存”按钮，元件设置完毕，如图7-33所示。

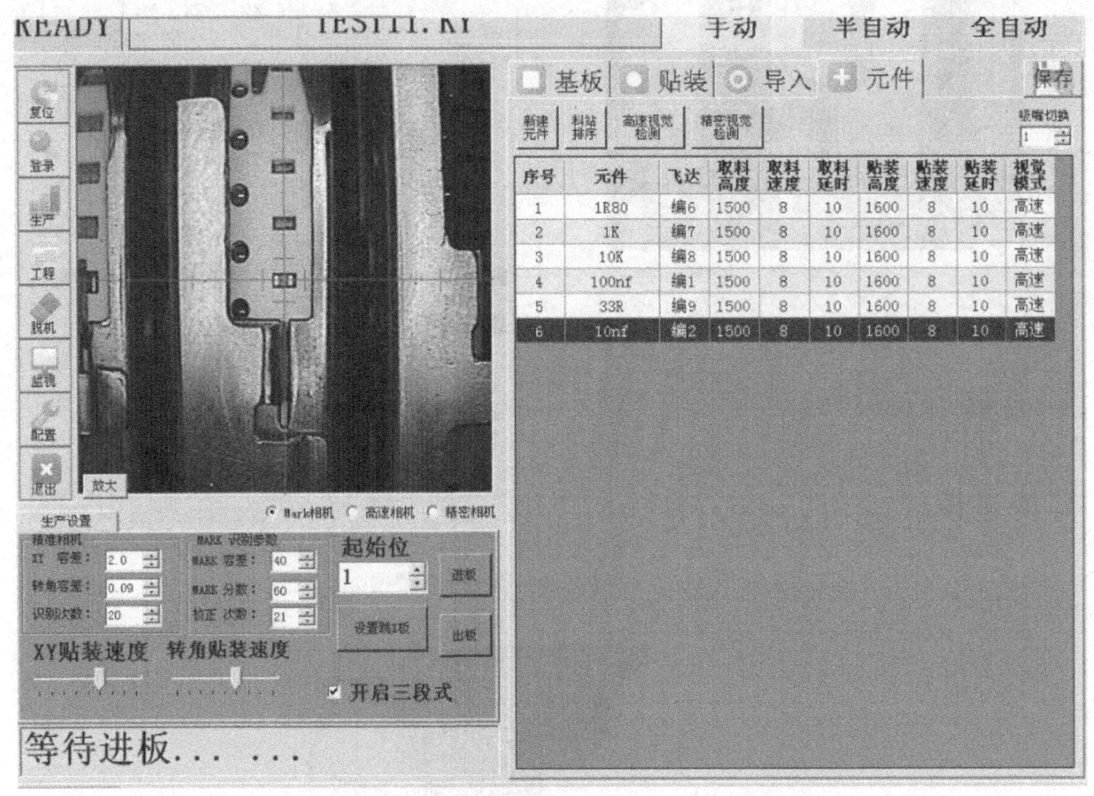

图7-33 元件设置完毕

（2）元件参数的修改 元件参数可以在相应界面分别进行修改，也可以在元件选项卡界面进行统一修改，修改方法如下：在元件选项卡界面，选中元件，右键单击，可以弹出修改、MARK相机定位、删除、统一参数四个选项，如图7-34所示，参数介绍见表7-8。

表7-8 元件修改参数介绍

序号	参数	说明
1	修改	进入所选元件设置界面，可以进行各参数修改
2	MARK相机定位	定位到所选元件的X、Y坐标位置
3	删除	删除所选元件
4	统一参数	单选或者多选情况下，快速设置吸嘴所对应的元件取料高度、取料速度、贴料速度、取料延时、释放延时、视觉模式

图 7-34　元件参数统一修改

其中，可以选择使用“统一参数”选项，为各个吸嘴进行参数的统一，而不用分别创建各个元件参数，实现快速编程，操作界面如图 7-35 所示。选中需要统一的各元件编号，右键单击选择“统一参数”选项，勾选需要统一的参数名称，填入具体参数，单击按钮。需要注意的是，在使用“统一参数”这一选项时，需要进行吸嘴的切换，以保证吸嘴的对应关系。

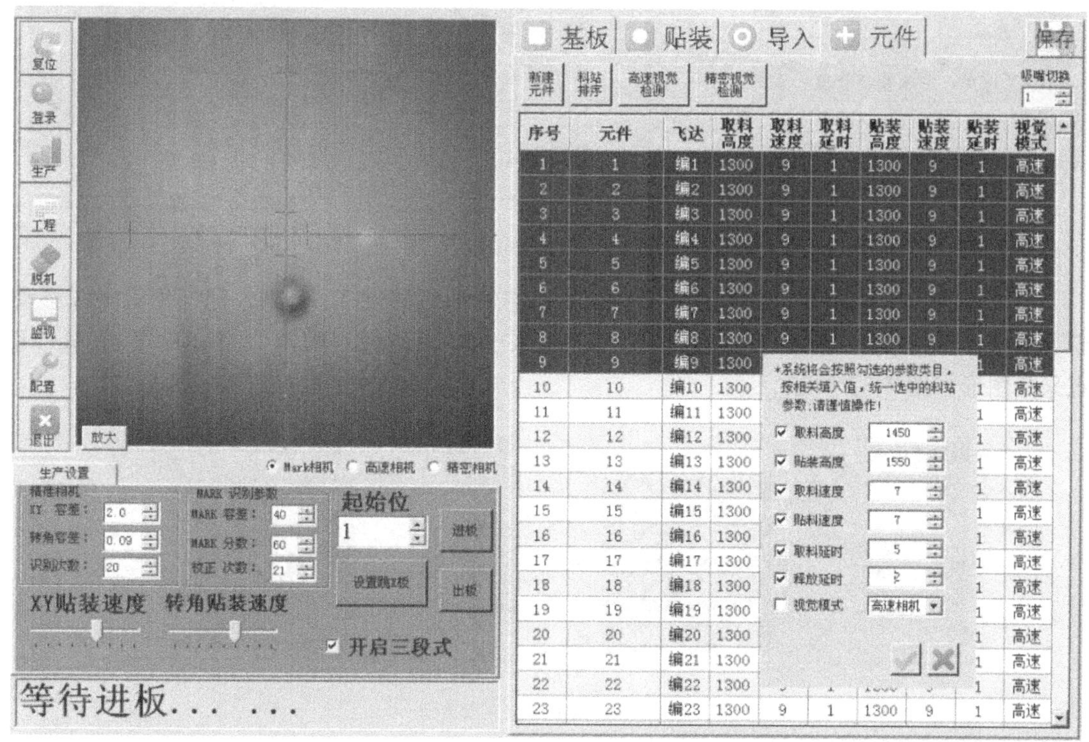

图 7-35　统一参数

4. 新建贴装信息

在元件建立完毕之后，需要进行贴装的编程。贴装的编程主要是为了使得物料能准确地贴装到 PCB 的相应位置上，“贴装”选项卡设置主界面如图 7-36 所示，具体操作步骤如下：

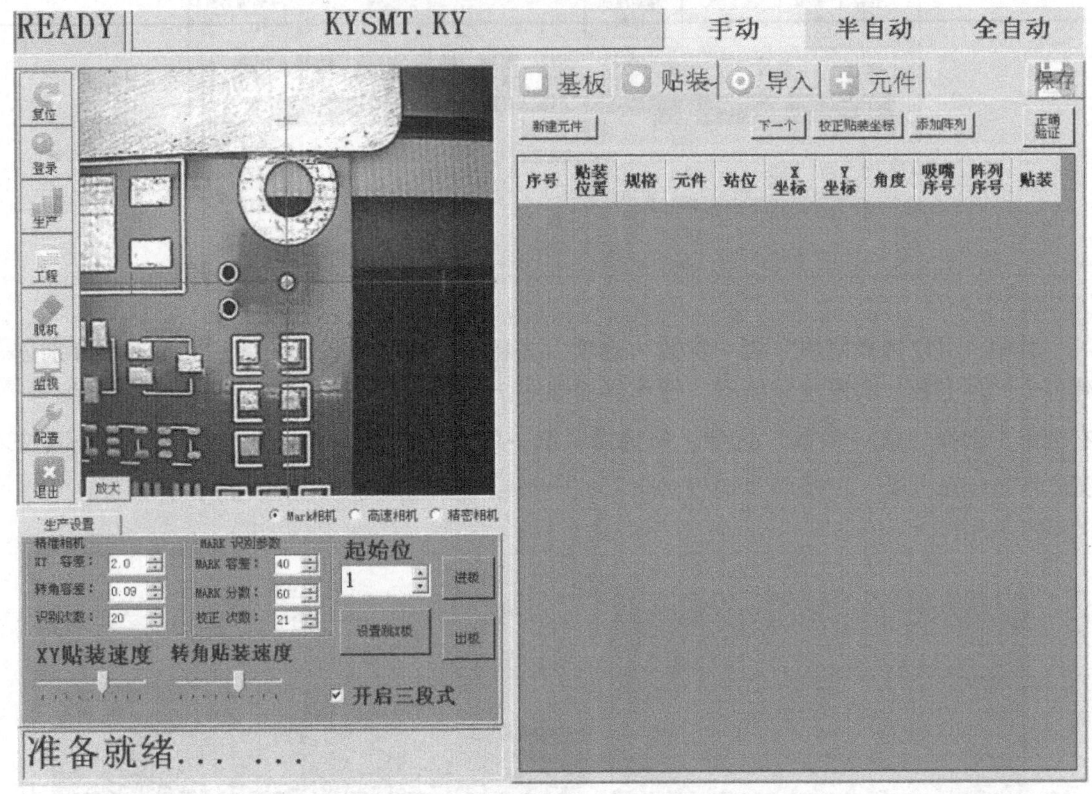

图 7-36 “贴装”选项卡设置主界面

1）单击“新建元件”按钮，在 MARK 点信息栏通过移动 *X*、*Y* 轴，把红色十字线移动到 MARK 点正中间，来设置 PCB 上的两个 MARK 点（距离最远的两个 MARK 点），MARK 点采集图形如图 7-37 所示。

图 7-37 MARK 点采集图形

2）移动 *X*、*Y* 轴，移动到左上角的第一块单板的第一个元件（R1）的焊盘中间，在图 7-38 所示窗口中填入表 7-9 所列的各具体参数，然后单击“记录当前坐标”按钮。

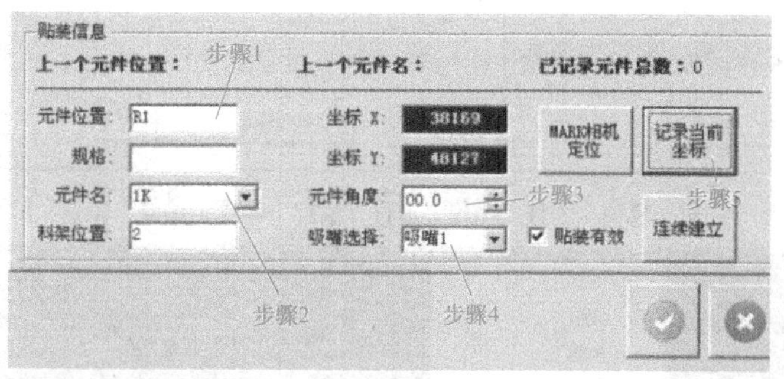

图 7-38 R1 元件的贴装信息建立步骤

表 7-9 贴装信息参数介绍

序 号	参 数	说 明
1	元件位置	输入位置名称，一般是 PCB 丝印层的位置号
2	元件名	选择元件位置对应的元件，在同一程序中，元件名唯一，和“元件编辑”步骤中“元件名”统一
3	料架位置	会自动更新
4	元件角度	输入这个元件的角度
5	吸嘴选择	选择这个点需要用的吸嘴

3）单击“连续建立”按钮，此时第一个点已经记录完毕，注意图 7-39 中圆圈内的变化。

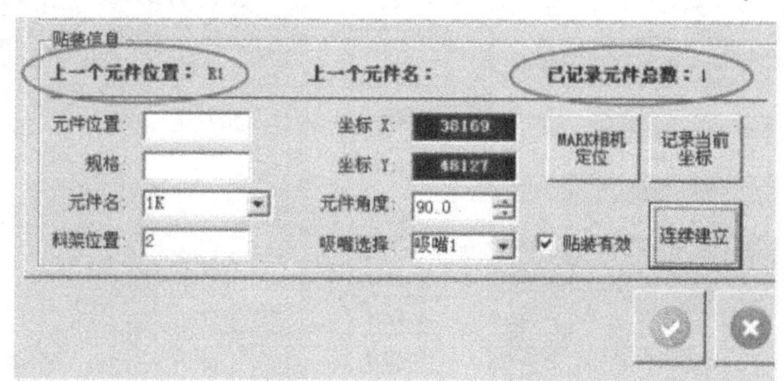

图 7-39 连续建立贴装信息

4）移动 X、Y 轴寻找下一个元件，方法同 2）~3）。

5）依次找完这块小板上剩下的元件（找点的顺序并不唯一，但不可多件也不可少件）。

6）然后单击“正确验证”按钮，查看是否有错误，有错误必须修改。

7）正确验证无误后，全选所有元件，右键单击选择“排序”，如图 7-40 所示。

8）进入排序界面后，单击“吸嘴顺序”按钮，然后单击“确定序列”按钮，如图 7-41 所示，会弹出一个对话框，单击“是（Y）”按钮，排序完毕后，单击“关闭”按钮关闭吸嘴排序界面。单击“保存”按钮，至此一个完成的程序已经编好。

5. 拼板

电路板设计完以后需要上 SMT 贴片流水线贴上元件，每个 SMT 的加工工厂都会根据流

基板　贴装　导入　元件　保存

新建元件　校正贴装坐标　添加阵列　正确验证

序号	贴装位置	规格	元件	站位	X坐标	Y坐标	角度	吸嘴序号	阵列序号	贴装
1	R1				3...	4...	0	1	1	☑
2	R5				3...	4...	90	2	1	☑
3	R2				3...	4...	0	3	1	☑
4	CS1				3...	4...	0	4	1	☑
5	CS2				3...	4...	0	1	1	☑
6	U1				3...	4...	0	6	1	☑
7	D1				3...	4...	90	5	1	☑
8	C1				3...	4...	90	5	1	☑
9	B1				3...	5...	-90	6	1	☑

修改
定位
位移
测试
全选
反选
删除
排序
吸嘴排序
关联元件

图 7-40　元件排序

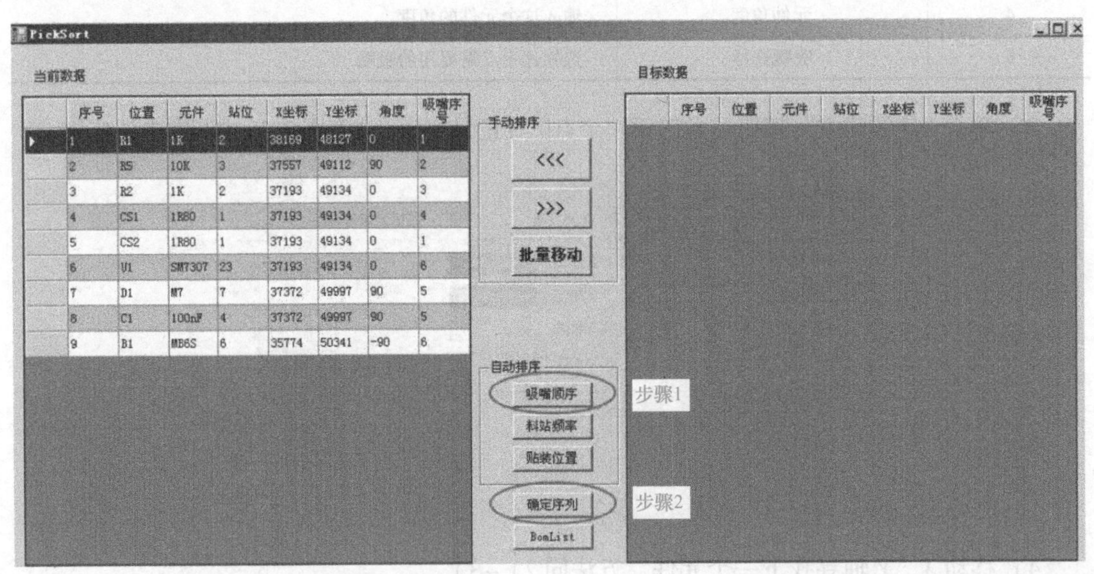

	序号	位置	元件	站位	X坐标	Y坐标	角度	吸嘴序号
▶	1	R1	1K	2	38169	48127	0	1
	2	R5	10K	3	37557	49112	90	2
	3	R2	1K	2	37193	49134	0	3
	4	CS1	1R80	1	37193	49134	0	4
	5	CS2	1R80	1	37193	49134	0	1
	6	U1	SM7307	23	37193	49134	0	6
	7	D1	M7	7	37372	49997	90	5
	8	C1	100nF	4	37372	49997	90	5
	9	B1	MB6S	6	35774	50341	-90	6

图 7-41　元件排序主界面

水线的加工要求，规定电路板最合适的尺寸要求，如果尺寸太小或者太大，流水线上固定电路板的工装就无法固定。如果电路板本身尺寸小于工厂给的尺寸，则需要把电路板拼板，把多个电路板拼成一整块。无论对于高速贴片机还是对于波峰焊，拼版都能显著提高效率，下面将详细描述拼板的处理方法。假设现在生产的电路板为 4 ×3 拼板，那么可以按照如下步骤进行设置：

1）按照之前的步骤，吸嘴排序之后，需要将余下的电路板阵列化，阵列设置在“基板”选项卡界面，首先输入拼版的“X 数量”和“Y 数量”，如图 7-42 所示。

2）然后单击“设置阵列点”按钮，进行阵列标志点的设置。要注意一一对应关系，如

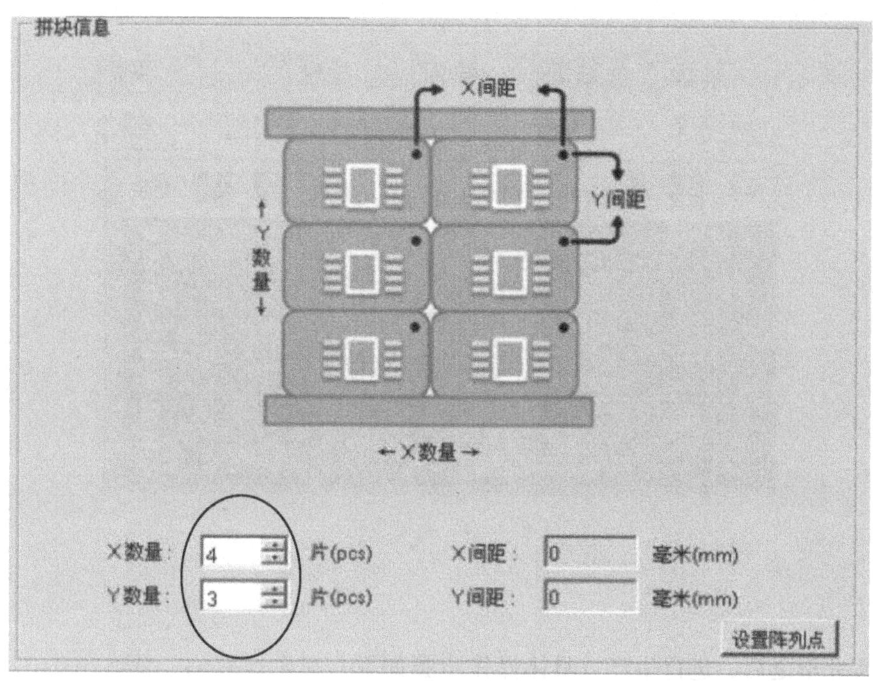

图7-42　拼板信息设置

图7-43所示。通过移动X、Y轴，分别找到对应的四个点，分别记录（单击“记录”按钮）。确认无误后单击“保存”按钮进行保存。

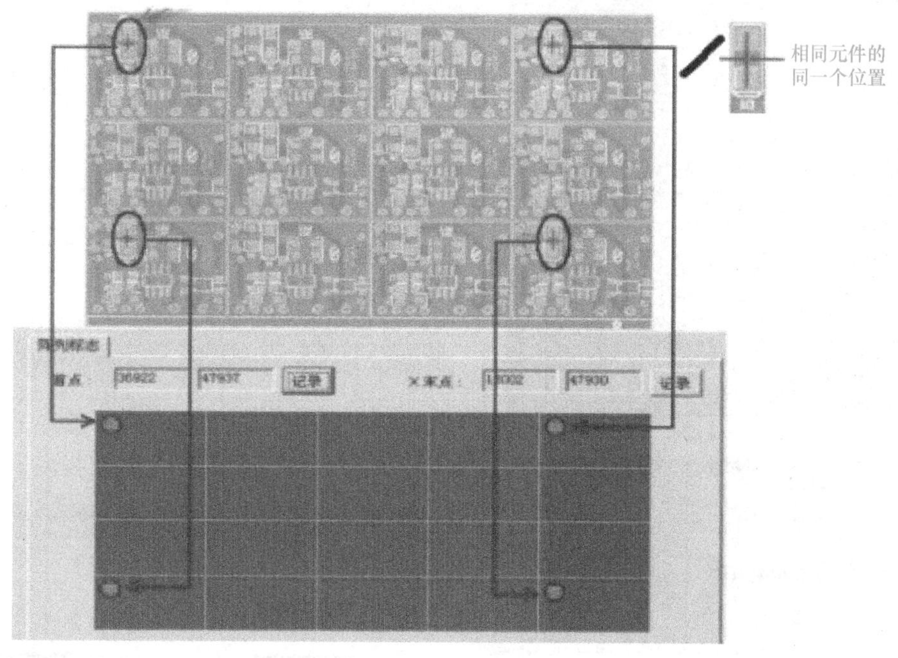

图7-43　设置阵列点

3）返回到“贴装”选项卡界面，全选所有元件，单击“添加阵列”按钮，如图7-44所示。添加完毕后，单击“保存”按钮。

基板　贴装　导入　元件　保存

新建元件　校正贴装坐标　添加阵列　正确验证

序号	贴装位置	规格	元件	站位	X坐标	Y坐标	角度	吸嘴序号	阵列序号	贴装
1	R1		1K	2	3...	4...	0	1	1	☑
2	R5		10K	3	3...	4...	90	2	1	☑
3	R2		1K	2	3...	4...	0	3	1	☑
4	CS1		1R80	1	3...	4...	0	4	1	☑
5	CS2		1R80	1	3...	4...	0	1	1	☑
6	U1		SM7307	23	3...	4...	0	6	1	☑
7	D1		M7	7	3...	4...	90	5	1	☑
8	C1		100nF	4	3...	4...	90	5	1	☑
9	B1		MB6S	6	3...	5...	-90	6	1	☑

图 7-44　添加阵列

6. 生产

当编程完毕之后，进行生产，具体操作步骤如下：在生产界面，依次单击“出板”→“全自动”→“开始”，生产界面如图 7-45 所示，生产界面参数介绍见表 7-10。

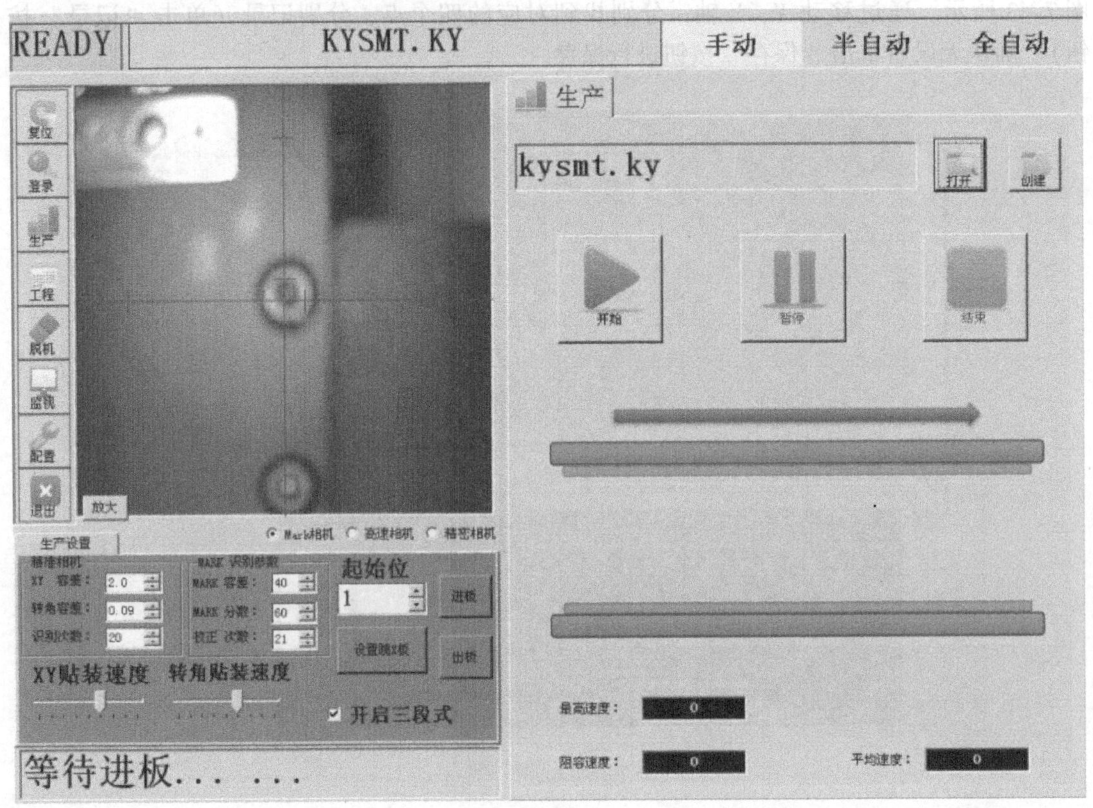

图 7-45　生产界面

表 7-10　生产界面参数介绍

序　号	参　数	说　明
1	设置跳 X 板	拼版上如果有坏板，可以通过"设置跳 X 板"跳过此板（不贴装）
2	起始位	设置从哪个序号开始贴装
3	MARK 识别参数	"MARK 容差"：一般为 20～60 "MARK 分数"：一般为 60%～80% "校正次数"：MARK 识别的次数
4	XY 贴装速度	贴装过程中 X 轴、Y 轴的移动速度
5	转角贴装速度	贴装过程中转角的速度
6	精准相机	"XY 容差"：贴装允许 X、Y 轴的误差 "转角容差"：贴装允许的误差 "识别次数"：精准相机重复识别校正的次数

7. 贴片机快速编程

很多情况下，生产的产品大多是规模化的，因此在编程时可直接使用 PCB 的坐标文件进行快速编程，而不需要单独对各个元件进行坐标位置的定位。当取得 PCB 的坐标文件后，相当于贴片文件的 X、Y 轴参数已经确定，只需要对贴片文件的 Z 轴参数进行确定即可。具体步骤如下：

1）从 PCB 作图软件里导出 Generates pick and place files 文件，复制到贴片机工控机中。

2）在"导入"选项卡中单击"打开导入文件"，选择已复制到工控机中的文件，单击"打开"按钮。

3）打开后，只需保留 Designator、MidX、MidY、Rotation，并把四个名称分别依次更改为位置、X 坐标、Y 坐标、角度，如图 7-46 所示。

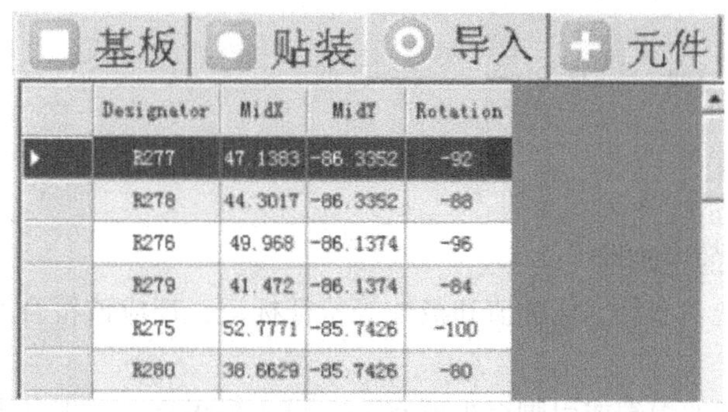

图 7-46　快速编程元件参数设置样例

4）指定 MARK1、MARK2 有两种方法：手动指定 MARK 和系统指定 MARK。

① 手动指定 MARK：在 PCB 作图软件中记住互为对角的两个点坐标，将记录的两组坐标分别填入下方的 MARK1 坐标和 MARK2 坐标中，单击"生成"按钮，然后移动 MARK 相机找到 MARK1 点，单击"设置 MARK1 坐标"按钮，再次移动 MARK 相机找到 MARK2 点，单击"生成 MARK2 坐标"按钮。

② 系统指定 MARK：选择后，系统会自动从所有坐标中选出两个 MARK 点，其中，MARK1 是绿色，MARK2 是蓝色，单击“生成”按钮，然后移动 MARK 相机找到绿色条的那个点，单击“设置 MARK1 坐标”按钮，再次移动 MARK 相机找到蓝色条的那个点，单击“设置 MARK2 坐标”按钮。

5）设置完 MARK2 后，会自动跳转到“贴装”选项卡界面，然后指定元件站位、吸嘴号，右键单击鼠标后选择“搜索元件位置”选项，根据导出的 BOM 表格分别输入元件的位置号，如图 7-47 所示。

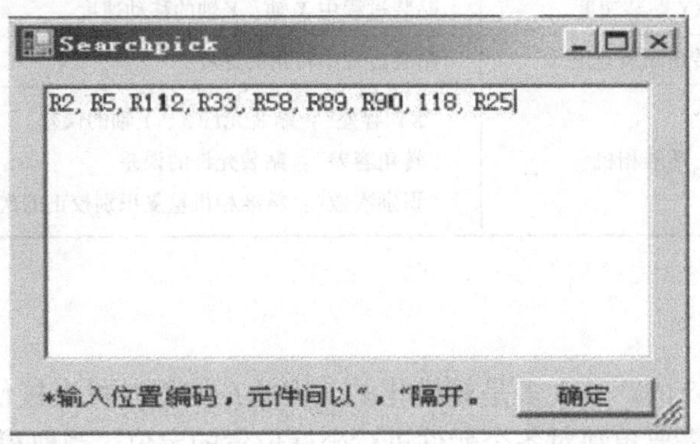

图 7-47　输入元件位置号

单击“确定”按钮后，在出现的蓝色元件上，单击鼠标右键→选择“关联元件”→选择这些贴装位置所对应的元件→再次单击鼠标右键→选择“吸嘴排序”→选择这些元件需要用的吸嘴。

6）全部设置好了以后，单击“正确验证”按钮→“保存”按钮。

7）运行。

7.2.4　贴装质量检验和实操

1. 对贴片质量的要求

要保证贴片质量，应该考虑三个要素：贴装元器件的正确性、贴装位置的准确性和贴装压力（贴装高度）的适度性。

（1）贴装元器件的正确性

1）元器件的类型、型号、标称值和极性等特征标记，都应该符合产品装配图和明细表的要求。

2）被贴装元器件的焊端或引脚至少要有 1/2 浸入焊锡膏，一般元器件贴片时，焊锡膏挤出量应小于 0.2mm；小间距元器件的焊锡膏挤出量应小于 0.1mm。

3）元器件的焊端或引脚都应该尽量和焊盘图形对齐、居中。再流焊时，熔融的焊料使元器件具有自定位效应，允许元器件的贴装位置有一定的偏差。

（2）贴装位置的准确性

1）矩形元器件允许的贴装偏差范围。如图 7-48 所示，图 7-48a 的元器件贴装优良，元器件的焊端居中位于焊盘上；图 7-48b 表示元器件在贴装时发生横向移位（规定元器件的长

度方向为“纵向”），合格的标准是焊端宽度的3/4以上在焊盘上，即 $D_1 \geqslant$ 焊端宽度的75%，否则为不合格；图7-48c表示元器件在贴装时发生纵向移位，合格的标准是焊端与焊盘必须交叠，即 $D_2 \geqslant 0$，否则为不合格；图7-48d表示元器件在贴装时发生旋转偏移，合格的标准是 $D_3 \geqslant$ 焊端宽度的75%，否则为不合格；图7-48e表示元器件在贴装时与焊锡膏图形的关系，合格的标准是元器件焊端必须接触焊锡膏图形，否则为不合格。

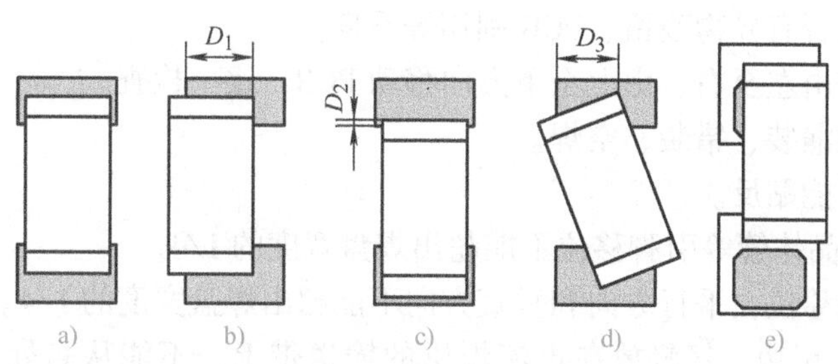

图7-48 矩形元器件贴装偏差

2）小外形封装晶体管（SOT）允许的贴装偏差范围。允许有旋转偏差，但引脚必须全部在焊盘上。

3）小外形集成电路允许的贴装偏差范围。允许有平移或旋转偏差，但必须保证引脚宽度的3/4在焊盘上。

4）QFP、PLCC器件允许的贴装偏差范围要保证引脚宽度的3/4在焊盘上，允许有旋转偏差，但必须保证引脚长度的3/4在焊盘上。SOIC集成电路贴装偏差如图7-49所示。

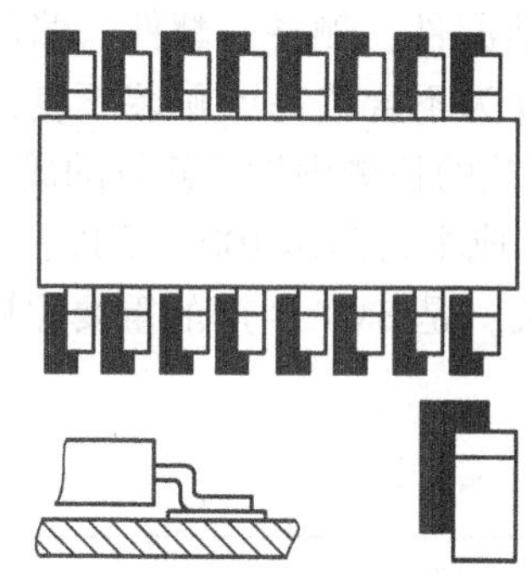
图7-49 SOIC集成电路贴装偏差

5）BGA器件允许的贴装偏差范围。焊球中心与焊盘中心的最大偏移量小于焊球半径，如图7-50所示。

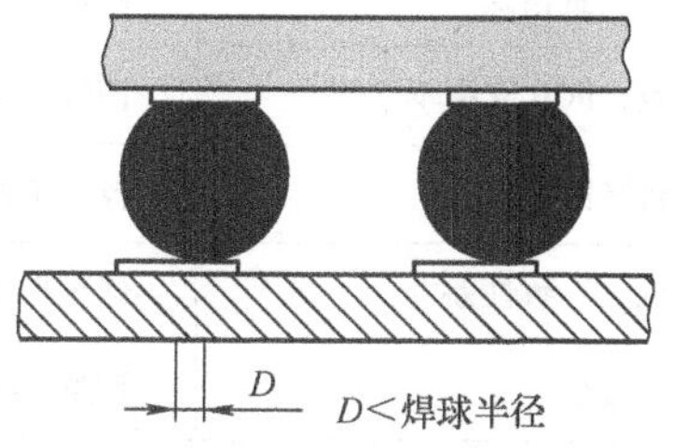

图7-50 BGA集成电路贴装偏差

(3) 贴装压力（贴装高度）的适度性　元器件贴装压力要合适，如果压力过小，则元器件焊端或引脚就会浮在焊锡膏表面，焊锡膏就不能粘住元器件，在电路板传送和焊接过程中，未粘住的元器件可能移动位置。

2. 表面组装贴装检验操作步骤

1）检查板面是否有异物残留、PCB 刮伤等不良。

2）检验方向按由左至右、由上至下方向移动 PCB，逐一检查。

3）元器件不能漏装、错装、空焊。

4）组件极性不能贴反。

5）IC、排阻、晶体管等引脚移位不能超出焊盘宽度的 1/4。

6）Chip 组件的移位在平行方向和垂直方向不能超出焊盘宽度的 1/4。

7）拿住 PCB 的板边，轻轻放在再流焊机的输送带上，不能从高处丢下，以防元器件振落。

8）检测不良的 PCB，贴上标志纸，及时修整、调整。

9）注意事项：必须佩戴防静电腕带作业，操作时拿取 PCB 板边，不要用手触摸 PCB 表面，以防破坏焊盘上印刷好的焊锡膏；在贴装过程中补充元器件时一定要注意元器件的型号、规格、极性和方向。

3. 贴片机贴装常见问题与对策

SMT 贴片常见的品质问题包括漏件、侧件、翻件、偏位、元器件损坏等。在表面组装产品的生产中，假设有 1 个元器件为不合格品或贴装不良，若在贴装过程的当前工序中发现，其检修成本为 1，而在后续工艺的检测中检查修复的成本则为 10，如果在产品投入市场后再进行返修，那么其检查修复的成本将高达 100。所以，尽快、尽早地发现不良现象，严把生产过程中每一个环节的质量关，是 SMT 生产的重要原则。元器件贴装常见问题、原因及解决措施见表 7-11。

表 7-11　元器件贴装常见问题、原因及解决措施

常见问题	原　因	解决措施
元器件型号错误	上错料	重新核对上料
元器件极性错误	贴片数据或 PCB 数据角度设置错误	修改贴片数据或 PCB 数据
贴片偏移	PCB MARK 坐标设置错误	修正 PCB MARK 坐标
	支撑高度不一致，PCB 支撑不平整	调整支撑销高度
	工作台、支撑台平面度不良	校正工作台、支撑台平面度
	PCB 布线精度低，一致性差	修正程序
	贴装吸嘴吸气压过低	调整压力
	焊锡膏印刷位置不准确	调整焊锡膏印刷位置

（续）

常见问题	原　因	解决措施
拾取失败	编带规格与供料规格不匹配	调整送料器的送料带
	真空泵气压过低	调整吸嘴压力
	编带的塑料热压带未正常拉起	调整送料器的送料带，拉起塑料热压带
	贴装头的贴装速度选择错误	调整贴装速度
	送料器安装不牢固，顶针运动不畅	调整送料器
	切纸刀不能正常切编带	更换切纸刀
	编带不能随齿轮正常转动	调整送料器
	吸嘴不在低点，下降高度不到位	调整吸取高度
	吸嘴下降时间与吸片时间不同步	调整吸嘴速度
	供料部有振动	检查供料台是否有异物
	组件厚度数据不正确	修改组件厚度数据
	吸片高度的初始值设置有误	修改吸片高度
编带浮起	编带是否有散落或是断落在感应区域	检查编带
	机器内部有无其他异物	检查并排除机内异物
	编带浮起感应器不能工作	检查是否正常工作
贴片漏件	元器件供料架送料不到位	调整送料器
	吸嘴气路堵塞	更换吸嘴
	PCB 进货不良，发生变形	更换 PCB，或烘烤 PCB
	吸嘴贴装高度设置不良	调整贴装高度
	电磁阀切换不良，吹气压力小	更换电磁阀
	元器件品质问题，同品种厚度不一致	更换元器件
	贴片机调用程序有错误	重新调用正确的贴装程序
抛料率高	进料位置不正确	调整使组件在吸取中心点上
	吸嘴真空压力不足	调整吸嘴真空压力
	吸嘴表面有污渍，吸嘴识别不良	更换或清洗吸嘴
	送料器的编带不能正常卷曲塑料袋	调整编带
元器件贴片时损坏	定位针过高，元器件在贴装时被挤压	调整定位针高度
	编程时，Z 轴坐标设置不正确	重设 Z 轴坐标
	贴装头吸嘴弹簧被卡死	更换吸嘴

4. 贴片机编程与操作

（1）实训目的

1）了解贴片机的工作原理。

2）掌握手工贴片的工作要领。

3）掌握送料器的上料方法。

4）掌握贴片机编程的原理和基本贴片机操作方法。

（2）实训要求

1）进入SMT实训室要穿戴防静电工作服和防静电鞋。

2）必须在老师的指导下操作设备、仪器、工具。

3）与实训无关的物品不要带入实训基地，保持室内的环境卫生。

（3）实训设备　实训设备见表7-12。

表7-12　实训设备

序　　号	器　　材	单　　位	备　　注
1	BVTC1706贴片机	台	全班共用
2	六角扳手	把	
3	螺钉旋具	把	
4	PCB	块	
5	镊子	把	
6	送料器	把	
7	无尘布	块	

（4）印刷前的准备工作

1）根据产品工艺文件的贴装明细表领料，并对相应元器件进行核对。

2）对已经开启包装的PCB，根据开封时间的长短及是否受潮或受污染等具体情况进行清洗或者烘烤处理。

3）对于有防潮要求的元器件，检查是否受潮，并对受潮元器件进行去潮处理。开封后检查包装内附的湿度显示卡，如果指示湿度>20%（在25℃±3℃时读取），说明元器件已经受潮，在贴装前就要进行去潮处理。

4）设备状态检验：对于自动贴片机，在贴片前要保证所有的设备开关必须处于关闭状态，且空气压缩机电源需要接通，并检测气压。同时，送料器必须保持水平安装；贴装头上的吸嘴必须已经放回到吸嘴站上；X、Y轴上不能有杂物。

（5）实训内容

1）讲解和演示送料器的上料方法。

2）讲解贴片机的工作原理

3）讲解和演示贴片机编程方法。

4）讲解和演示贴片机贴片工艺流程。

（6）实训报告

按照上述实训内容书写实训报告。

7.3 再流焊机及焊接工艺

7.3.1 再流焊工艺概述

1. 再流焊工作原理

(1) 再流焊工艺的目的 再流焊(Re-flow Soldering),也称为回流焊,是指通过重新熔化预先分配到PCB焊盘上的膏状软钎焊料,实现表面组装元器件焊端或引脚与PCB焊盘之间机械与电气连接的软钎焊。

再流焊工艺所采用的再流焊机处于SMT生产线的末端,其外观如图7-51所示。

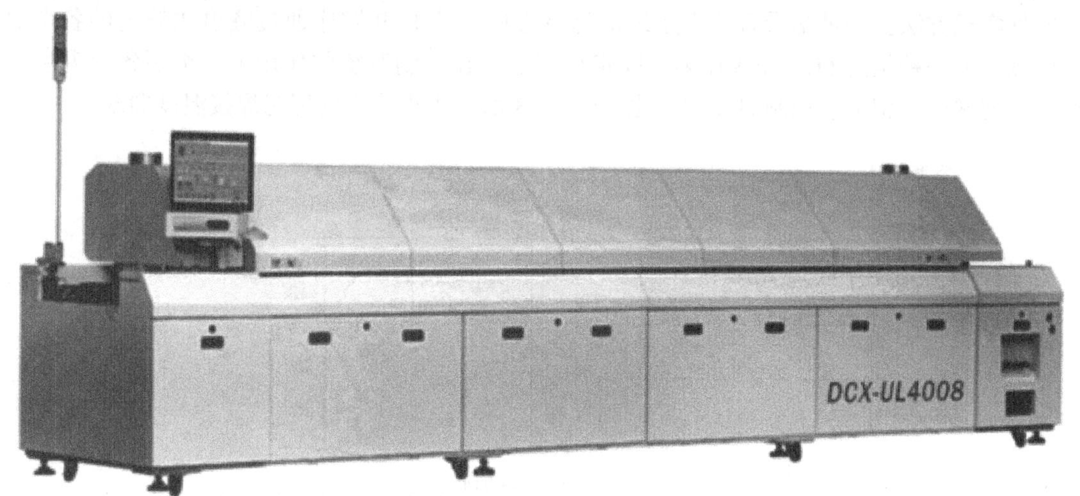

图7-51 再流焊机外观

再流焊工艺主要有两方面的目的:

1) 针对印锡板(工艺流程为焊锡膏-再流焊工艺),目的是加热熔化焊锡膏,将元器件的引脚或焊端通过熔化的焊锡膏与PCB焊盘进行焊接,形成电气连接点。

2) 针对点胶板(工艺流程为贴片-波峰焊工艺),目的是加热固化SMT贴片胶,将元器件本体底部的贴片胶与PCB对应的位置进行粘接固定。

(2) 再流焊工艺的特点

1) 元器件不直接浸渍在熔融的焊料中,因此元器件受到的热冲击小。

2) 能在前道工序里控制焊料的施加量,减少了虚焊、桥接等焊接缺陷,因此焊接质量好、焊点的一致性好,可靠性高。

3) 假如前道工序在PCB上施放焊料的位置正确而贴放元器件的位置有一定偏离,则在再流焊过程中,当元器件的全部焊端、引脚及其相应的焊盘同时润湿时,由于熔融焊料表面张力的作用,产生自定位效应,能够自动校正偏差,把元器件拉回到近似准确的位置。

4) 再流焊的焊料是商品化的焊锡膏,能够保证正确的组分,一般不会混入杂质。

5) 可以采用局部加热的热源,因此能在同一基板上采用不同的焊接方法进行焊接。

6）工艺简单，返修的工作量很小。

（3）再流焊工艺的基本过程　一般地，一个完整的再流焊工艺基本流程需要经过基板传送、预热、保温、回流、冷却等工序，具体如图7-52所示。

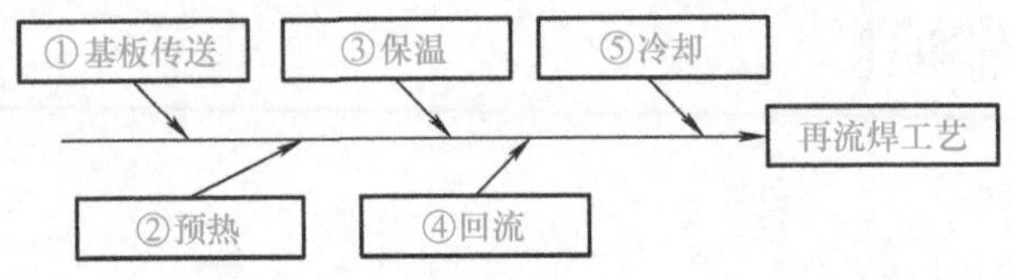

图7-52　再流焊工艺基本流程图

控制与调整再流焊设备内焊接对象在加热过程中的时间—温度参数关系（简称焊接温度曲线），是决定再流焊效果与质量的关键。

再流焊的加热过程可以分成预热、焊接（再流）和冷却三个最基本的温度区域，主要有两种实现方法：一种是沿着传送系统的运行方向，让PCB顺序通过隧道式炉内的各个温度区域；另一种是把PCB停放在某一固定位置上，在控制系统的作用下，按照各个温度区域的梯度规律，调节、控制温度的变化。图7-53所示为再流焊的理想焊接温度曲线。

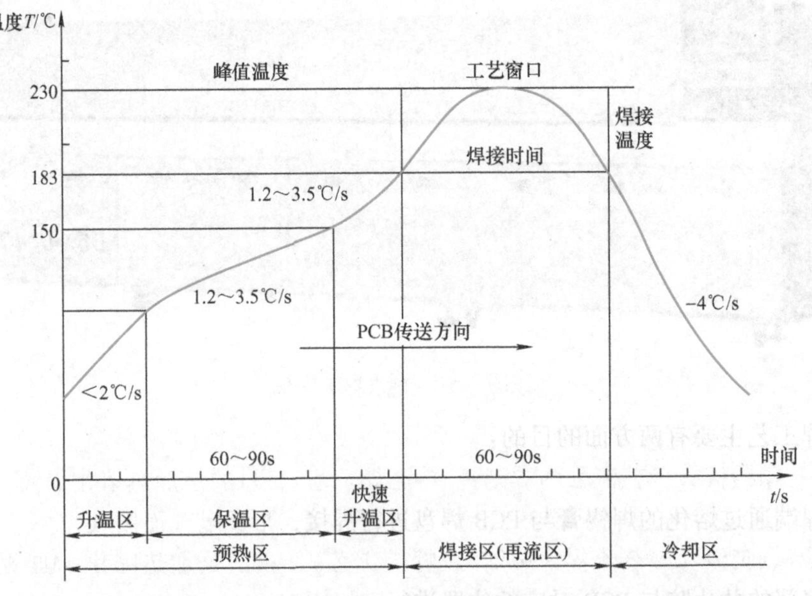

图7-53　再流焊的理想焊接温度曲线

1）预热区：PCB在100～160℃的温度下均匀预热2～3 min，焊锡膏中的低沸点溶剂和抗氧化剂挥发，化成烟气排出；同时，焊锡膏中的助焊剂润湿，焊锡膏软化塌落，覆盖住焊盘和元器件的焊端或引脚，使它们与空气隔离；并且，PCB和元器件得到充分预热，以免它们进入焊接区后因温度突然升高而损坏。

在预热区的保温区，温度维持在150℃左右，焊锡膏中的活性剂开始作用，去除焊接对象表面的氧化层。

2）焊接区：温度逐步上升，超过焊锡膏熔点温度30%～40%（一般Sn－Pb焊锡的熔点为183℃，比熔点高4～50℃），峰值焊接温度在220～230℃之间且时间小于10s，膏状焊料在热空气中再次熔融，润湿元器件焊端与焊盘，时间为60～90s，这个范围一般被称为工艺窗口。

3）冷却区：当焊接对象从炉膛内的冷却区通过，使焊料冷却凝固以后，全部焊点同时完成焊接。

2. 再流焊机结构

目前的再流焊设备大体分为红外线辐射再流焊机、红外热风再流焊机、气相再流焊机和激光再流焊机四大类。无论是哪种形式的再流焊机，一般都由以下几部分组成：机体、上下加热源、PCB传送装置、空气循环装置、冷却装置、排风装置、温度控制装置以及计算机控制系统。表7-13所示为通用再流焊机的功能说明，图7-54所示为再流焊机的结构。

表7-13 通用再流焊机的功能说明

序号	部件	功能说明
1	电源开关	一般为380V三相四线制电源
2	PCB传送部件	一般有传送链和传送网两种
3	信号指示灯	指示设备当前状态：绿色灯亮表示正常使用；黄色灯亮表示设备正在设定中或尚未起动；红色灯亮表示设备有故障
4	抽风口	生产过程中将助焊剂烟雾等废气抽出，以保证炉内再流气体洁净
5	显示器、键盘	设备操作接口
6	散热风扇	散热
7	紧急开关	关闭各电动机电源和加热器电源，设备紧急停止
8	加热器	一般为石英发热管组，提供炉温所必需的热量
9	热风电动机	驱动风泵将热量传送至PCB表面，保持炉内热量均匀
10	冷却风扇	冷却焊后PCB
11	传送带驱动电动机	给传送带提供驱动动力
12	传送带驱动轮	起传动网链作用
13	UPS	在主电源突然停电时，提供电能

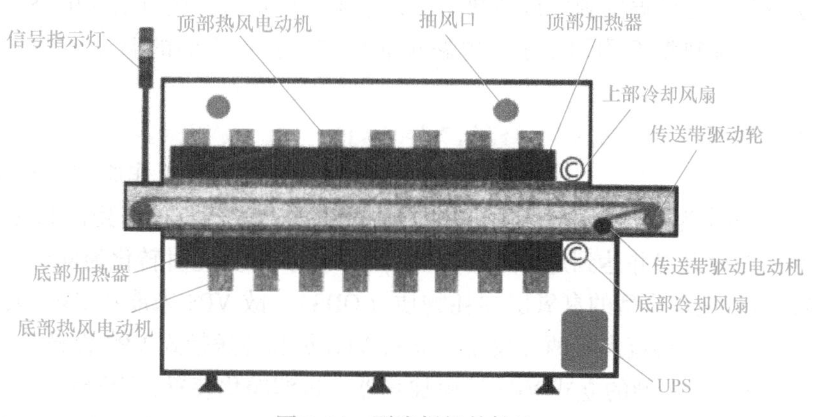

图7-54 再流焊机的结构

3. 再流焊种类

按照加热方式不同，再流焊大致可以分成红外线辐射再流焊、红外热风再流焊、气相再流焊和激光再流焊。

（1）红外线辐射再流焊　在设备内部，通电的红外加热板（或石英发热管）辐射出远红外线，PCB 通过数个温区，接收辐射转化为热能，达到再流焊所需的温度，焊料浸润完成焊接，然后冷却。红外线辐射加热法是应用最早、最广泛的 SMT 焊接方法之一。红外线再流焊机设备成本低，适用于低组装密度产品的批量生产，调节温度范围较宽的再流焊机也能在点胶贴片后固化贴片胶。图 7-55 所示为红外线辐射再流焊的原理示意图。

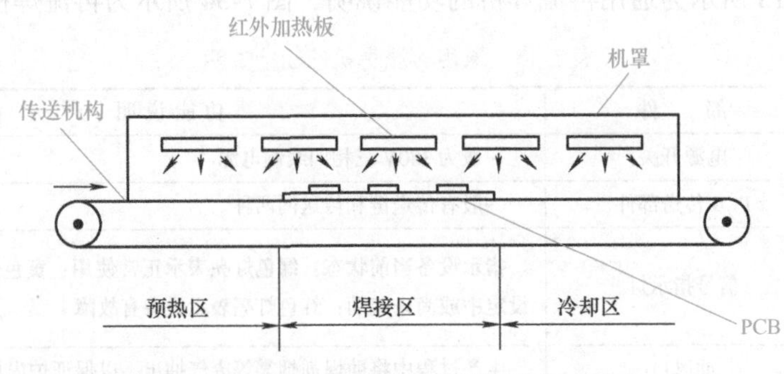

图 7-55　红外线辐射再流焊的原理示意图

红外线辐射再流焊机的优点是热效率高、温度变化梯度大、温度曲线容易控制，焊接双面电路板时，上、下温度差别大。缺点是电路板同一面上的元器件受热不够均匀，温度设定难以兼顾周全，阴影效应较明显；当元器件的封装、颜色深浅、材质差异不同时，各焊点所吸收的热量也不同；体积大的元器件会对小元器件造成阴影使之受热不足。

（2）红外热风再流焊　红外线辐射加热的效率高，而强制对流可以使加热更加均匀。先进的再流焊技术结合了热风对流与红外线辐射两者的优点，用波长稳定的红外线（波长约 8μm）发生器作为主要热源，利用对流的均衡加热特性以减少元器件与电路板之间的温度差别。目前多数大批量 SMT 生产中的再流焊机都是采用这种大容量循环强制对流加热的工作方式。

这种方法的特点是各温区独立调节热量，减小了热风对流，还可以在电路板下面采取制冷措施，从而保证加热温度均匀稳定，电路板表面和元器件之间的温差小，温度曲线容易控制。

（3）气相再流焊　气相再流焊又称气相焊（VPS），由于 VPS 具有升温速度快、温度均匀恒定的优点，被广泛用于一些高难度电子产品的焊接中。VPS 工作原理：利用加热 FC－70 类高沸点的液体作为转换介质，利用它沸腾后产生的饱和蒸汽，遇到冷却工件后放出汽化潜热，从而使工件升温并达到焊接所需要的温度，蒸汽本身此时转化为同温度的流体。但 FC－70 价格昂贵，又是典型的臭氧层损耗物质（ODS），故 VPS 未能在 SMT 大生产中全面推广应用。典型的气相再流焊有两类设备：立式 VPS 炉和传送带式 VPS 设备。

1）立式 VPS 炉。典型的立式 VPS 炉由加热器、过滤净化装置、冷凝管、冷却水控温系统等组成，加热器浸在 FC－70 液体中，由其提供热量使 FC－70 沸腾，形成气相场。

2）传送带式VPS设备。传送带式VPS设备能实现连续式生产，其结构图如图7-56所示。

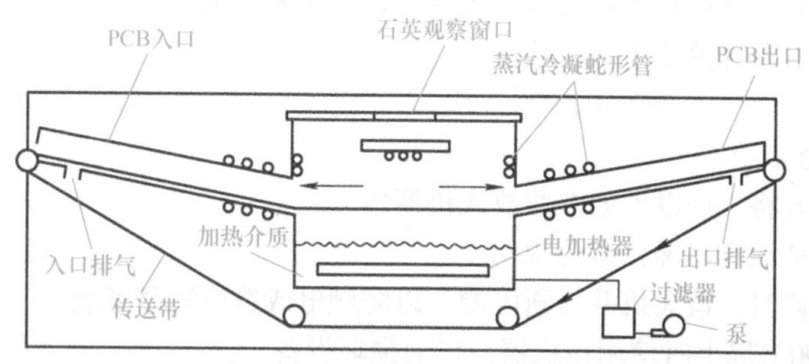

图7-56 传送带式VPS设备结构图

（4）激光再流焊 激光再流焊是利用激光束直接照射焊接部位，焊点吸收光能转变成热能，使焊接部位加热，导致焊料熔化，光照停止后焊接部位迅速冷却，焊料凝固。激光再流焊是利用激光束良好的方向性及功率密度高的特点，通过光学系统将CO_2或YAG激光束聚集在很小的区域内，在很短的时间内使焊接对象形成一个局部加热区。

7.3.2 典型再流焊机应用

现以典型的劲拓KT系列再流焊机来介绍其应用。本机型采用国际上无铅再流焊普遍采用的冷却区分离结构，此结构是冷却区（单独制作）与加热区分开，是因为主炉胆与冷却区相接处正是再流焊温度最高的焊接区，焊接区的高温可通过热传导进入冷却区，在影响了冷却区温度及冷却效果的同时又加大了电耗。此外，本机型采用国际上最先进的高降温速率冷却方式，每个冷却区由3组轴流风机构成，高强冷却风采用炉外冷风导入，大大加强了降温速率。革命性的结构首次实现了在不使用工业冷水机、冷风机的情况下，最大降温速率可达4～6℃/s，从而可省去冷水机、冷风机的投入及使用成本（电耗及维护费）。高降温速率可实现PCB在顶峰温度180℃冷却只需10～15s，大大减小了无铅焊接中的焊点氧化，在无铅焊接中至关重要，下面介绍此再流焊机的典型应用。

1. KT系列再流焊机使用注意事项

（1）机器安装注意事项

1）在洁净的环境条件下运行机器。

2）避免将机器安装或保存在高温潮湿的环境条件下。

3）不要把机器安装在电磁干扰源附近。

4）安装时，不要将再流焊机进、出口正对风源。

（2）操作前准备

1）检查电源供电是否为指定的380V三相四线交流电源，并将机架妥善接地，其接线必须由专业技术人员操作。

2）检查电源是否接到机器上。

3）检查设备是否接地良好。

4）检查位于出、入口端部的急停开关是否弹起。

5）电控箱内各接线插座是否插接良好。

6）保证计算机、电控箱的连接电缆与两头插座连接正确。

7）保证计算机、电控箱的连接电缆接触良好，无松动现象。

8）检查面板电源开关处于开启状态。

9）保证计算机内的支持文件齐全。

（3）安全注意事项

1）使用时不要将工件以外的东西放入机器内。

2）在操作时请注意高温，避免烫伤。

3）在进行检修时，请关机并切断电源，以防触电或造成短路事故。

4）不要在300℃以上时使用该机器，以免损坏设备。

5）打开上盖时需要支撑，以免上盖突然落下伤人或损坏设备。

2. KT系列再流焊机的操作方法

（1）开机前装置检查　开机前，按照车间的作业指导书逐条对此再流焊机外围进行检查，尽可能在机器运行前消除安全隐患。

（2）开机操作

1）接电源线（接线前请确认电压是否与设备的指定电压相符）。

2）打开电箱内断路器和面板上电源开关以及PC电源开关，按下计算机主机电源，进入Windows桌面。

3）双击桌面上的MSH Series. exe图标，进入再流焊监控界面。

4）依次单击各开关按钮：起动、运输、冷风机、热风机、加热，即可工作。

5）若需修改各参数，单击菜单“参数设定”，设置完各参数后单击“保存”按钮即可。参数设置有运输速度设置、温度设置和参数调节三种设置。

6）若需测试曲线，请单击菜单“曲线测试”，准备好后，单击“开始测试”按钮，完成后单击“停止记录”按钮。若此时需保存曲线，请单击“保存”按钮，弹出对话框，直接输入文件名。

（3）修改参数

1）运输速度设置是根据焊锡膏供应商提供的温度曲线所需时间来确定的，通常主机板等大板焊接全过程为5～6.5min，小板焊接全过程为3.5～5min。炉膛长度越短，运输速度设置越低；炉膛长度越长，运输速度设置越高。设置原则是保证PCB通过炉膛的时间和温度曲线所需时间对应。

2）各温区加热模块的温度设置也是根据焊锡膏供应商的温度曲线来确定的，根据温度曲线的上升/下降斜率、时间要求及峰值温度来设置温区温度，上升斜率越大，峰值温度越高，温度设置越高，反之越低，最高温度设置值不能超过炉膛所能承受的极限值300℃。

3）对于相同的温度曲线，生产不同PCB时的温度及速度设定值仍可能不同，这与PCB的吸热量有关，PCB越厚、元器件越大越多，达到相同温度曲线工艺所设定的温度值越高，也可通过降低运输速度来解决，反之则降低设定温度或提高运输速度。

（4）退出生产

1）单击退出按钮，退出运行程序。

2）关闭工控机 Windows 系统。

（5）关机 关闭电源。

7.3.3 再流焊机软件操作

1. 新建或打开工程文件

（1）系统的进入 双击桌面的“MSH Series”图标，系统将会进入如图 7-57 所示的用户登录系统界面，此界面要求用户输入登录系统所需的用户名及密码，若无用户名及密码将无法进入系统。

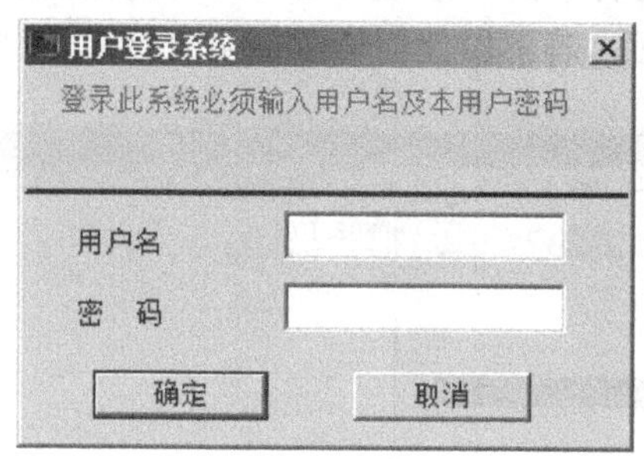

图 7-57 用户登录系统界面

输入正确的用户名及密码后，单击“确定”按钮，将显示如图 7-58 所示的操作模式选择对话框，共有三种模式：编辑模式、操作模式和演示模式。表 7-14 为各工作模式说明。

表 7-14 各工作模式说明

序 号	模 式	说 明
1	编辑模式	可新建或更改处方文件（用以保存各项设定参数的文件）
2	操作模式	按所选处方文件进行生产控制，运行时可同时调用另一个处方文件进行编辑
3	演示模式	模拟本机的操作，用于操作人员培训

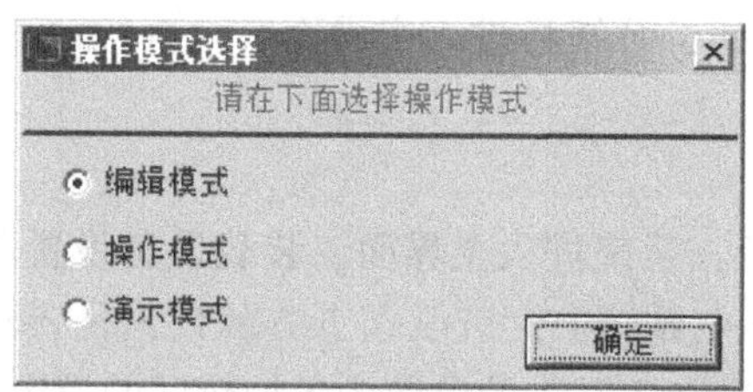

图 7-58 操作模式选择对话框

编辑模式和演示模式可在脱机情况下运行，它不会影响机器此时的状态。现以编辑模式为例讲解再流焊机软件的基本操作。

（2）新建文件 如果要新建文件（或者是打开已有文件），可进入编辑模式进行相应的操作。选择“编辑模式”并单击“确定”按钮，将显示如图 7-59 所示对话框。

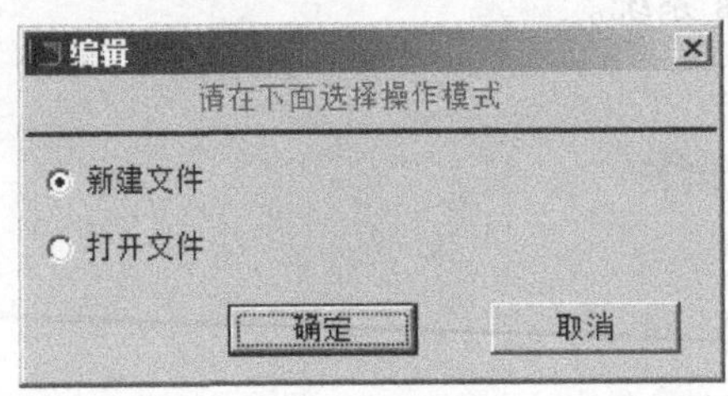

图 7-59　编辑模式

选择“新建文件”并单击“确定”按钮，将显示如图 7-60 所示的新建文件对话框。在“文件名”框中输入新文件名后单击“确定”按钮，就新建成一个含默认参数值的处方文件，然后系统进入控制主界面；若不做任何修改，可直接单击“取消”按钮退出控制界面。

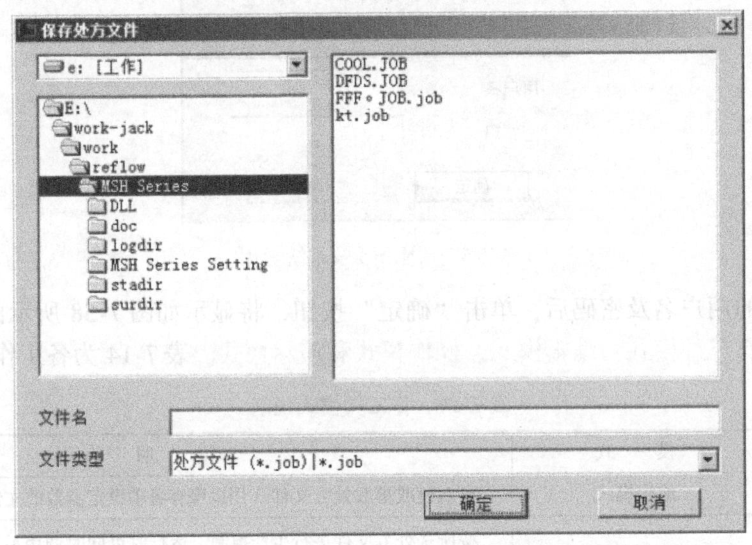

图 7-60　新建文件对话框

(3) 打开文件　若选择“打开文件”并单击“确定”按钮，系统将显示如图 7-61 所示的打开处方文件对话框，在“文件名”框输入要打开的文件名或在“文件列表”中选择一个文件后，单击“确定”按钮，系统将进入主界面。

2. 各类参数设置

1）新建或者打开文件后，系统进入主界面，装载设备设置系统文件和用户选择的处方文件。在如图 7-62 所示系统主界面中，进度条上方的数值是各加热区的实际值，在编辑模式下是一个系统模拟的值。进度条下方的参数为各加热区的设定值。

2）通过选择“工具”菜单下的“参数设置”选项，将显示如图 7-63 所示的“常用参数”设置界面。键盘上单击 <TAB> 键或鼠标单击所要设置的参数位置即可输入所要设定的值。在“运输速度”设定值框中输入速度参数。单击“应用”按钮，这样系统便确认用户已输入完温区温度和运输速度设定值。

3）在“温区相关参数”设置界面中（见图 7-64），用户可设定各加热区的报警参数

图 7-61　打开处方文件对话框

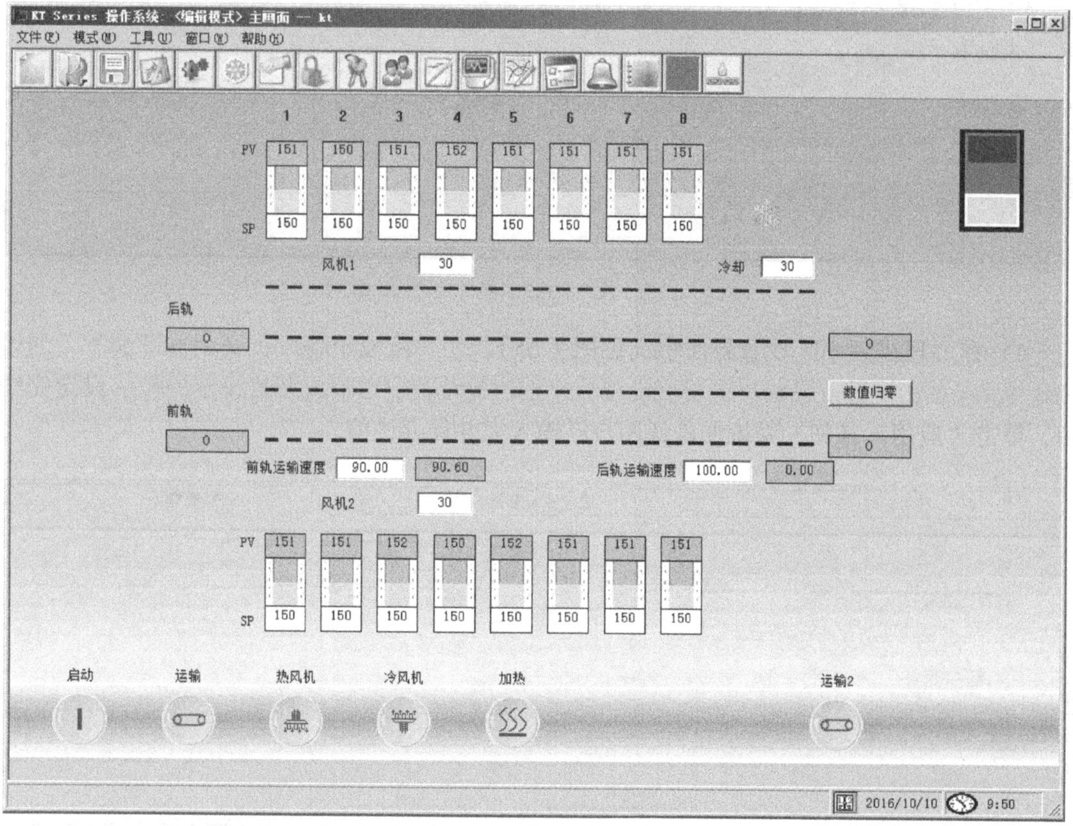

图 7-62　系统主界面

（超温警告和下限警告）、最高温度及最低温度，通过键盘单击 <TAB> 键或鼠标单击所要设置的设定值的位置，可输入所要设定的值。单击◀或▶图标，用户可以改变温区通道，或勾

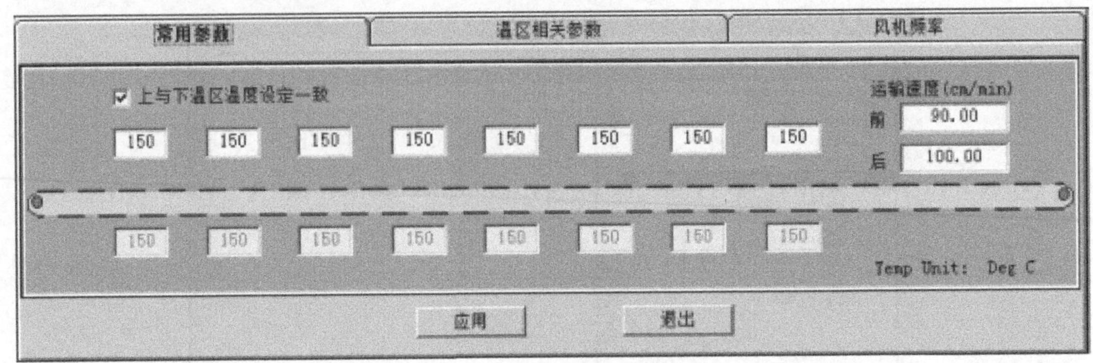

图 7-63 “常用参数”设置界面

选“所有温区设定一致”复选框，用户只要设定一个通道的参数，所有温区的参数将与此通道的参数一致。设定完毕后，单击“应用”按钮，系统便确认用户已输入完并保存该值。

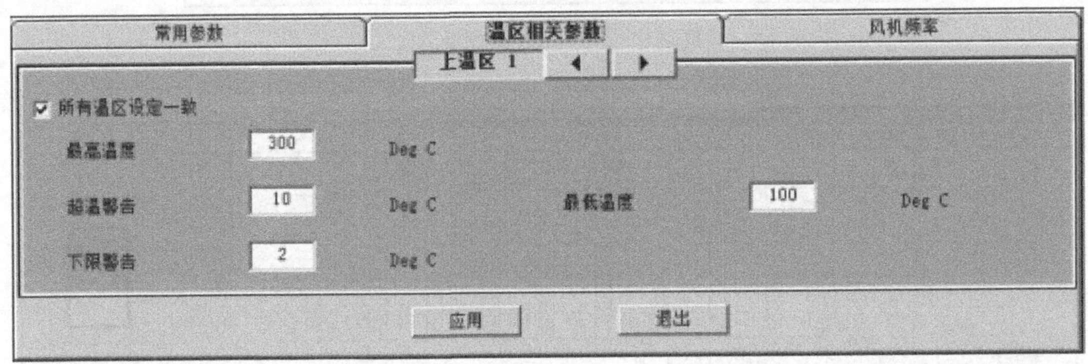

图 7-64 “温区相关参数”设置界面

4）在“风机频率”设置界面中（见图 7-65），用户可设定各风机变频器的频率，通过键盘单击 <TAB> 键或鼠标单击所要设置的设定值的位置，可输入所要设定的值。设定完毕后，单击“应用”按钮，系统便确认用户已输入完并保存该值。

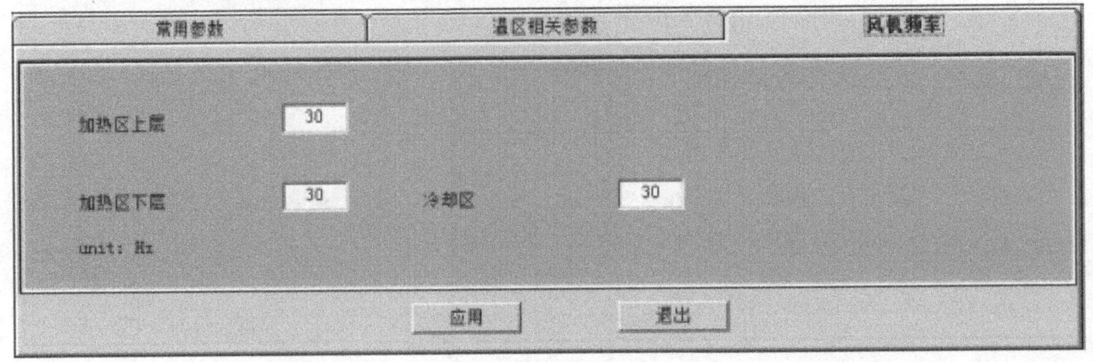

图 7-65 “风机频率”设置界面

5）选择菜单栏中“工具”下的“机器状态记录”选项，用户可设置系统是否记录机器状态和记录机器状态的间隔时间，如图 7-66 所示。

图 7-66 “机器状态记录”选项

6）设置完所需参数后，单击工具栏上的图标或选择菜单栏中“文件”下的“保存”选项，保存此处方文件。如要直接进入“操作模式”可选择菜单栏中“模式”下的“操作”选项。系统将加载此处方文件进入操作状态的主界面。

3. 程序的运行

1）选择“操作模式”的工作方式，当加载系统文件和用户所选的已有文件后，进入操作状态的主界面。

2）单击主界面上的“起动”按钮，机器会起动加热及运输系统，并按加热顺序进行第一次加热。

3）如在操作状态时进行冷却操作，则选择菜单栏“模式”命令下的“冷却”命令，系统将会自动冷却 10min 再关闭机器的运转。

7.3.4 常见机器故障和焊接质量检验

1. 常见机器故障

表 7-15 列举了常见的机器故障现象、产生故障的可能原因及排除故障的解决措施。

表 7-15 常见机器故障现象、原因及解决措施

故障现象	可能的原因	解决措施
打开开关后机器无任何反应	急停开关已按下	复位急停开关
	主电源开关未打开	打开主电源开关
传送带运输不动	调速器开关未打开	打开调速器开关
	调速器无电源输入	检查调速器电源输入
	链轮未锁紧	锁紧链轮
温度升不上去	固态继电器损坏	更换固态继电器
	PLC 无输出	检查 PLC
	热电偶接错	检查热电偶接线
	继电器未吸合	检查继电器
某一温区超温	固态继电器被击穿	更换固态继电器
	热电偶接错	检查热电偶接线
热风电动机有噪声	电动机轴上螺钉松动	锁紧电动机轴螺钉
	风轮松动	锁紧风轮固定螺钉
温度的测量值不稳定	机器附近有风影响	将机器入口不要正对风源

2. 再流焊工艺常见问题的生产原因及解决措施

再流焊工艺常见问题的产生原因及解决措施见表7-16。

表7-16 再流焊工艺常见问题的产生原因及解决措施

常见问题	产生原因	解决措施
润湿不良 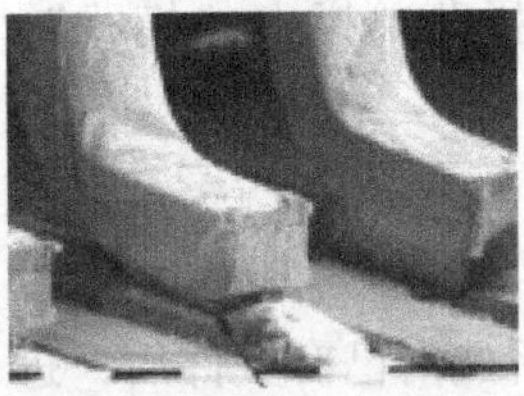	焊区表面受到污染	防止基板和元器件污染
	焊盘氧化	去除氧化层
	焊锡膏质量问题	更换焊锡膏
桥接 	焊料过量	控制焊锡膏印刷厚度
	焊料印刷后严重塌边	防止焊锡膏印刷后塌边
	贴装位置偏移	贴装位置要在规定范围内
	基板焊区尺寸超差（超出允许偏差范围）	基板焊区尺寸应符合设计要求
裂纹 	急热或急冷产生热应力	正确设定工艺条件，调整温度曲线，延长预热时间
	PCB变形	PCB设计时考虑宽厚比，大尺寸PCB再流焊时考虑底部支撑
	元器件本身的质量有问题	制定元器件入厂检验制度，更换不合格元器件
	贴装压力过大	提高 Z 轴高度，减小贴装压力
	焊料质量问题	选用延展性好的焊料
锡珠 	温度曲线设置不当，升温速度太快	降低升温速度
	焊锡膏使用量过多	按要求使用焊锡膏
	焊锡膏本身质量问题，黏度低、触变性差	控制焊锡膏质量
	元器件焊脚或PCB焊盘氧化，浸润性差	来料检验
	印刷压力过大，造成焊锡膏成形不佳	控制印刷质量

（续）

常见问题	产生原因	解决措施
立碑或移位	PCB设计不合理，焊盘尺寸不对称，焊盘间距过大或过小	按照焊盘设计原理设计焊盘，注意焊盘的对称性和焊盘间距
	贴片精度不良	提高贴片精度
	元器件焊端氧化或污染，浸润性不良	元器件保管要符合要求
	PCB质量问题，焊盘被氧化，影响浸润性	PCB焊盘去氧化
	印刷工艺问题，两个焊盘的焊锡膏量差距大	提高印刷质量
	传送带振动造成元器件位置移动	检查传送带，PCB的取放要轻拿轻放

本章小结

本章主要介绍了SMT工艺生产线几个主要设备的基本情况和工艺流程。首先介绍了表面组装印刷工艺的使用设备，详细介绍了手动印刷机、半自动印刷机和全自动印刷机的基本结构和使用要领，此外还介绍了表面组装印刷工艺的常见问题及解决措施。

然后介绍了表面组装贴片工艺的使用设备，详细介绍了常见贴片机的基本结构和使用要领，以BV－TC1706型贴片机为例，介绍了自动贴片机操作方法和编程软件的使用方法，之后又介绍了表面组装贴片工艺的常见问题及解决措施。

最后介绍了SMT生产线的最后一个设备——再流焊机的基本情况和工艺流程，详细阐述了常见再流焊机的基本结构和分类情况，并以KT系列再流焊机为例，介绍了其操作方法和软件操作方法，最后介绍了表面组装焊接工艺的常见问题及解决措施。

思考题

7-1 表面组装印刷工艺的目的是什么？

7-2 印刷机按照自动化的程度进行分类，可分成哪几类？

7-3 用于焊锡膏印刷的刮刀，按形状可分成哪几类？

7-4 简述焊锡膏印刷的基本操作流程。

7-5 焊锡膏印刷中经常出现哪些缺陷？产生的原因是什么？如何解决？

7-6 自动贴片机是如何分类的？简述每种类型贴片机的工作原理和过程。

7-7 说明SMT工艺中自动贴片机的主要结构。

7-8 贴片过程中经常出现哪些缺陷？产生的原因是什么？如何解决？

7-9 再流焊工艺的目的是什么？

7-10　再流焊工艺中温度曲线分成哪几个区？

7-11　写出再流焊工艺的基本流程。

7-12　再流焊机的基本结构包括哪些？

7-13　写出立碑和移位产生的原因及解决措施。

7-14　写出元器件裂纹产生的原因及解决措施。

7-15　写出锡珠产生的原因及解决措施。

第 8 章　综合实训项目

8.1　DT-830B 型数字万用表手工贴片安装

8.1.1　实训项目简介

1. 实训目的

通过组装小型电子产品，认识并了解现代电子产品组装技术，体验 SMT 技术的特点，掌握 SMT 技术中焊锡膏的手动印刷、SMC/SMD 手动贴片、再流焊所用的设备和操作方法。

2. 产品简介

本次实训所安装的是 DT-830B 型数字万用表，该电子产品采用三位半数字液晶显示屏，最大显示值为 1999，且具有过载保护功能；二极管导通时的工作电流约为 0.8mA，反向直流电压约为 3V。安装完毕后重约 150g，外形尺寸为 126mm×70mm×24mm，电源模块采用 9V 直流电压。数字万用表测量范围见表 8-1。

表 8-1　数字万用表测量范围

功　能	量　程	精　度
DCV	200mV/2000mV/20V/200V/1000V	±（0.8% ±2dgt[①]）
ACV	200V/750V	±（1.2% ±10dgt）
DCA	200μA/2000μA/20mA	±（1.0% ±2dgt）
	200mA	±（1.2% ±2dgt）
	10A	±（2.0% ±5dgt）
Ω	200Ω/2000Ω/20kΩ/200kΩ/2000kΩ	±（1.0% ±2dgt）

① 数位分辨率，表示数字测量仪器的最小显示单位。

3. 实训器材

实训器材清单见表 8-2。

表 8-2 实训器材清单

序　号	实训仪器设备	数　量	备　注
1	手动印刷工作台	1台	全班公用
2	钢网	1片	全班公用
3	再流焊机	1台	全班公用
4	镊子	1套/人	
5	热风枪返修工作台	6台	
6	手工焊接工具	1套/人	
7	万用表	1套/人	

实训产品元器件清单见表 8-3。

表 8-3 实训产品元器件清单

序号	标　志	参数及名称	精　度	数　量	单　位	备　注
1	R1	0.01Ω		1	个	φ1.5mm，长42mm
2	R2	1Ω	1%	1	个	1206（贴片）
3	R2A	91Ω	5%	1	个	0805（贴片）
4	R3	9Ω	1%	1	个	0805（贴片）
5	R4	100Ω	1%	1	个	0805（贴片）
6	R5	900Ω	1%	1	个	0805（贴片）
7	R6	9kΩ	1%	1	个	0805（贴片）
8	R7	90kΩ	1%	1	个	0805（贴片）
9	R8	352kΩ	1%	1	个	1206（贴片）
10	R9A/R9B	274kΩ	1%	2	个	1206（贴片）
11	R10	1kΩ	5%	1	个	0805（贴片）
12	R11	9.1kΩ	5%	1	个	0805（贴片）
13	R12	22kΩ	5%	1	个	0805（贴片）
14	R13	1.3kΩ	5%	1	个	0805（贴片）
15	R14	100kΩ	5%	1	个	0805（贴片）
16	R15/R16/R17	220kΩ	5%	3	个	0805（贴片）
17	R18	300kΩ	5%	1	个	0805（贴片）
18	R19/R20/R21	510kΩ	5%	3	个	0805（贴片）
19	R22	1MΩ	5%	1	个	0805（贴片）
20	C1/C3/C4/C5	104/100nF		4	个	CBB（贴片）
21	C2	101/100pF		1	个	0805（贴片）

（续）

序 号	标 志	参数及名称	精 度	数 量	单 位	备 注
22	C6	105/1μF		1	个	0805（贴片）
23	D1	M7/1N4007		1	个	DO-214 封装贴片二极管
24	RP1	200Ω		1	个	卧式电位器
25		插座		3	个	
26		熔丝座		2	个	
27		0.25A 熔丝		1	个	
28		h_{FE}座		1	个	
29		电池扣		1	个	65mm
30		显示屏		1	个	LD10001
31		导电橡胶		1	个	40mm×6.6mm×1.8mm
32		φ3mm 钢珠		2	个	
33		φ3mm 弹簧		2	个	
34		电刷片		6	个	
35		PCB		1	块	
36		自攻螺钉 M2.5mm×8mm		2	个	固定后盖
37		自攻螺钉 M2.5mm×6mm		4	个	固定电路板
38		面板		1	个	
39		后盖		1	个	
40		功能、量程转换开关		1	个	
41		显示屏框		1	组	
42		开关标牌		1	个	
43		测试笔		1	支	
44		9V 电池		1	节	

4. 电路图

实训电路图如图 8-1 所示。

5. 制作工艺流程

制作工艺流程图如图 8-2 所示。

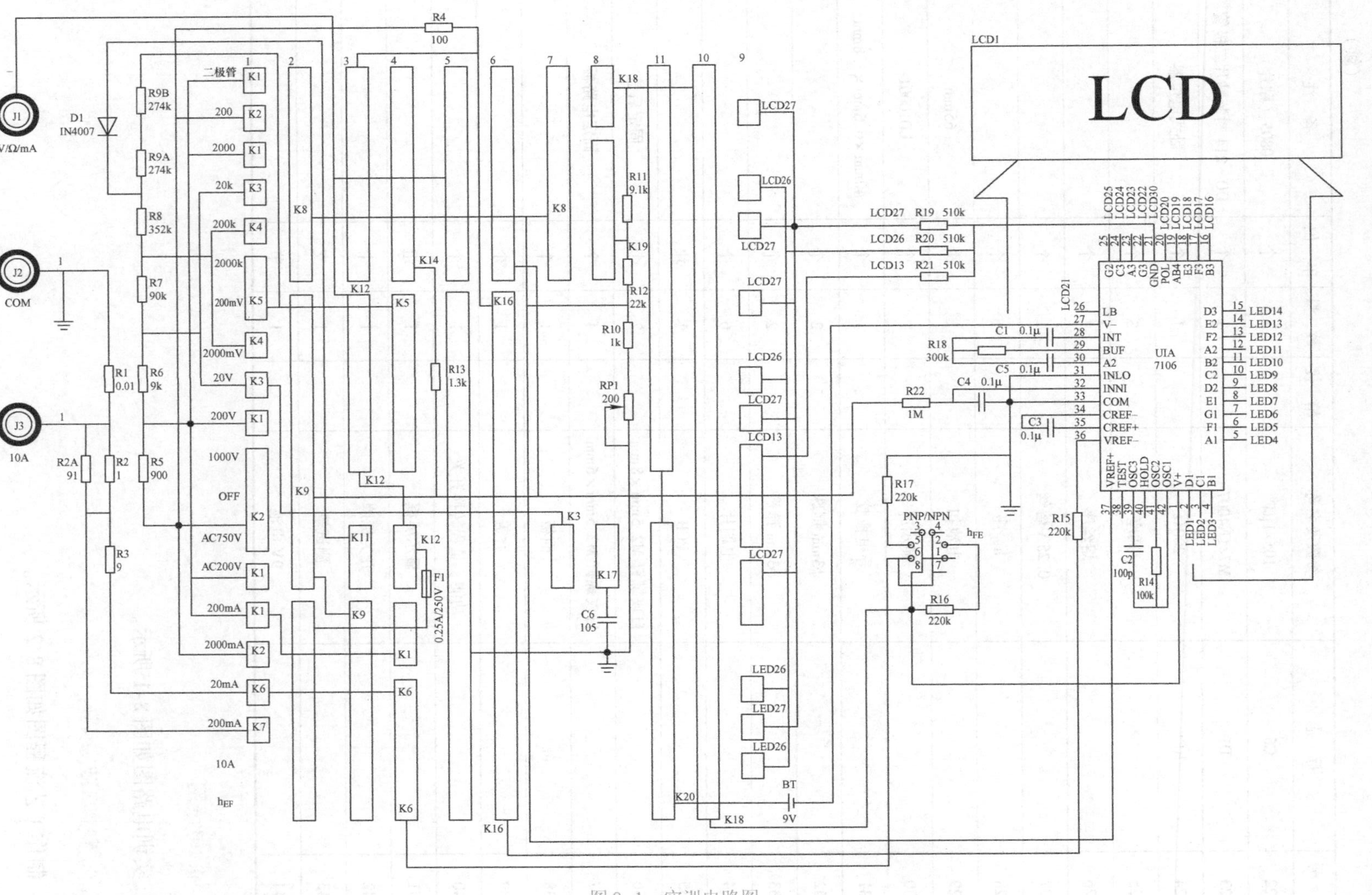
LCD
LCD1
UIA
7106
J1
V/Ω/mA
J2
COM
J3
10A
D1
IN4007
BT
9V
PNP/NPN
h_{FE}
F1
0.25A/250V

图 8-1 实训电路图

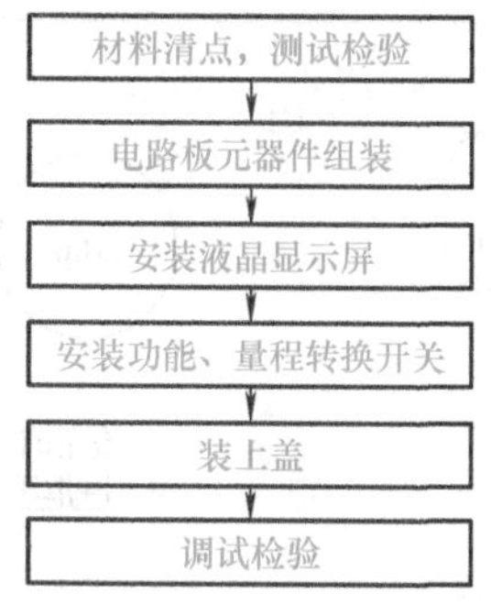

图 8-2 制作工艺流程图

8.1.2 万用表的安装步骤

1. 安装前检查

1）检查 PCB 有无断线、连线。

2）外壳及结构件检验：按材料表清查元器件和零部件，要仔细分辨品种和规格，清点数量（表面贴装元器件除外）。

3）分立元器件检验。

注意：双面板的 A 面中间环形印制导线是功能、量程转换开关电路，需小心保护，不得划伤或污染。

2. SMT 工艺流程

（1）丝印焊锡膏　焊锡膏的手动印刷操作如图 8-3 所示。印刷过程中需注意印刷的力道要均匀，刮刀和模板的角度保持 45°。

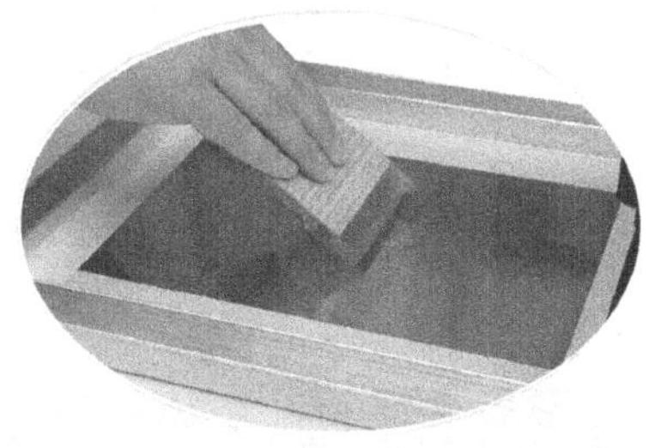
图 8-3 焊锡膏的手动印刷操作

（2）手工贴片　从右上角开始沿顺时针方向顺序贴片（共 29 个贴片元器件）：C2、R14、C4、R22、C3、R15、R11、R12、R10、R6、R7、D1、R8、R9B、R9A、R16、C6、R17、R2、R2A、R3、R4、R5、R19、R20、R21、R13、C5、R18，贴片元器件位置如图 8-4 所示。

注意：

1）贴片元器件不得用手拿。

2）贴片元器件需用镊子夹取，不可夹到极片上，正确方法如图 8-5 所示。

3）贴片电容表面没有标志，一定要准确及时地贴到指定位置。

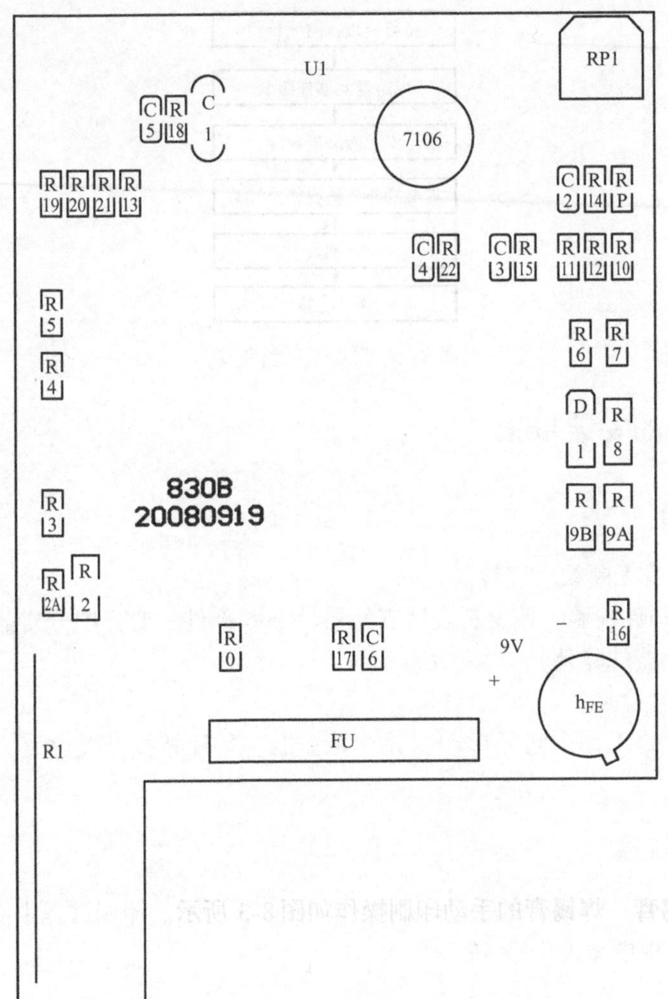

图 8-4　贴片元器件位置

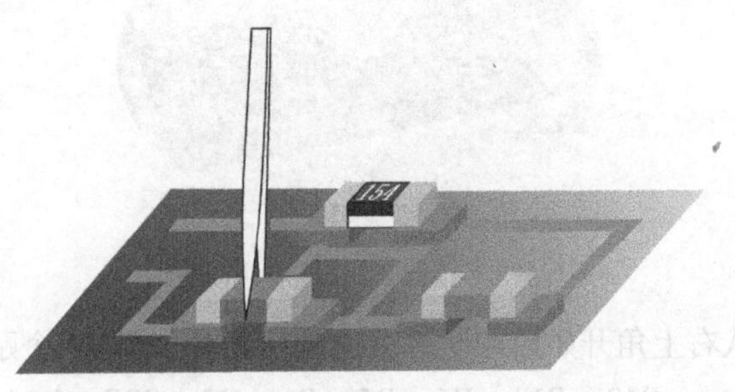

图 8-5　夹取元器件的正确方法

（3）贴片检查　检查贴片元器件有无漏贴、错位等问题。

（4）再流焊　使用再流焊机，选用合适的焊接工艺曲线进行电路板的再流焊。再流焊机和工艺曲线如图 8-6 和图 8-7 所示。

（5）焊接质量检查　最后，仔细检查 PCB，查看是否有虚焊、漏焊等焊接质量问题，

图 8-6 再流焊机

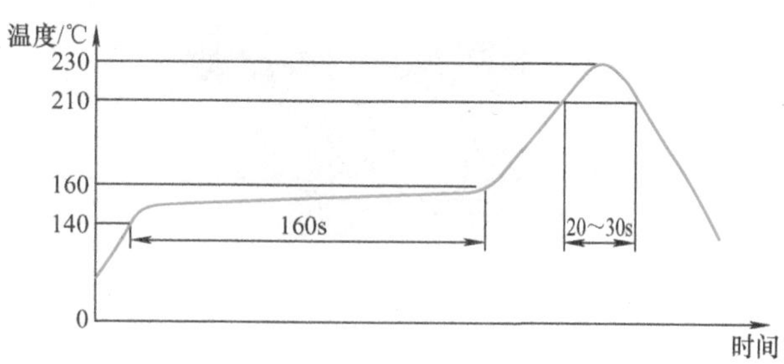

图 8-7 再流焊工艺曲线

并进行补修。

3. 安装 THT 分立元器件

（1）安装顺序 A 面元器件：h_{FE}座为 A 面插入，B 面焊接（见图 8-8）。

B 面元器件：

1）电容、电位器和熔丝座为 A 面焊接。

2）分流器为 B 面插入，B 面焊接。

3）表笔插座为 B 面插入，B 面焊接（见图 8-9）。

图 8-8 A 面元器件安装图

4）电池扣、电源线由 B 面穿到 A 面后再插入焊孔，B 面焊接，红线接“+”，黑线接“-”。

（2）注意事项 如图 8-10 和图 8-11 所示，安装过程中，需要注意以下事项：

1）h_{FE}座安装完成后，需将其定位凸点与外壳对准，此过程要注意高度，以免后续万用表外壳合盖不严。

2）熔丝座注意方向。

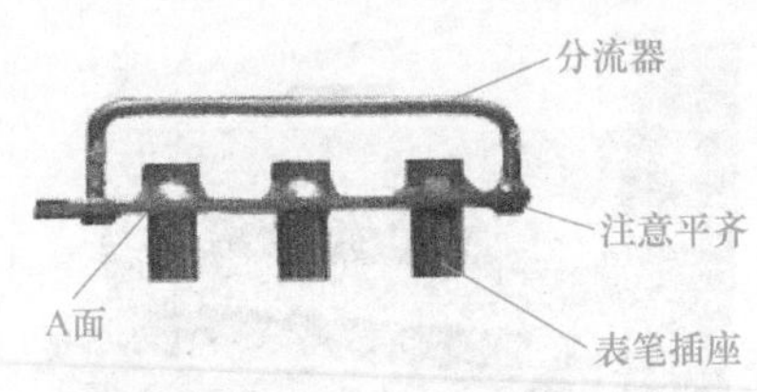

图 8-9　分流器和表笔插座安装示意图

3）表笔插座从 B 面插入，注意高度。

4）分流器从 B 面插入，引脚与 A 面平齐。

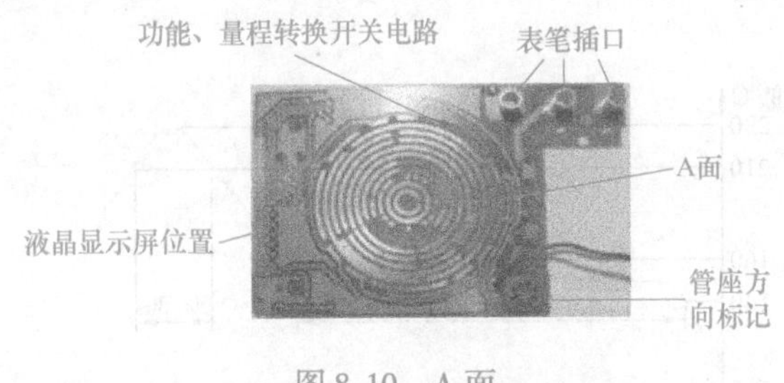

图 8-10　A 面

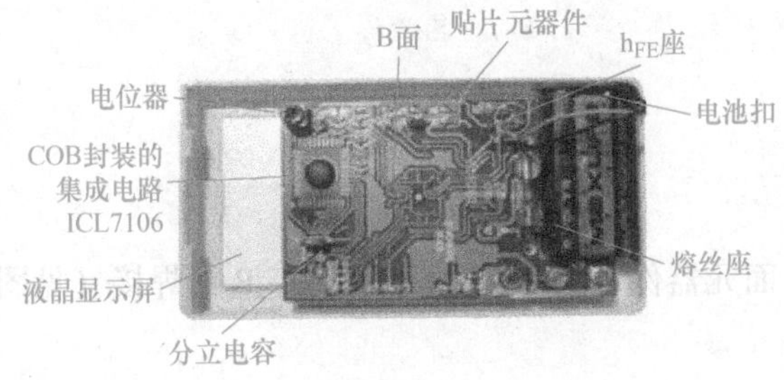

图 8-11　B 面

4. 总装

（1）液晶显示屏的安装方法　面壳平面向下置于桌面，将液晶显示屏放入面壳窗口内，白面向上，有线路凹槽的一边放在左侧，用镊子把导电胶条放在凹槽内，并用卡子固定，如图 8-12 所示。安装过程中要注意保持液晶显示屏和导电胶条的清洁。

图 8-12　液晶显示屏安装方法

（2）功能、量程转换开关安装方法

1）V形簧片装到旋钮上，共六个，如图8-13所示。

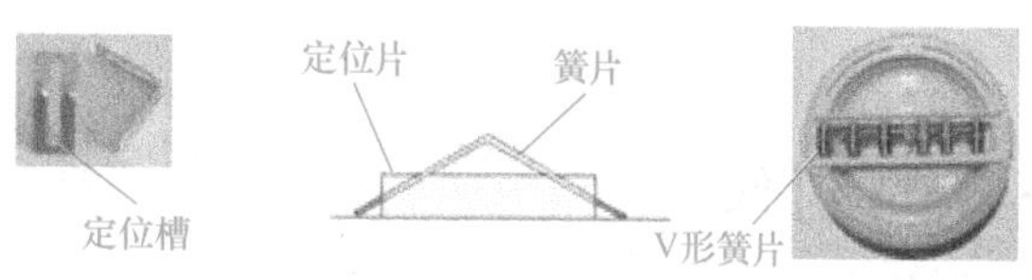

图8-13　旋钮背面

2）装完簧片把旋钮翻面，将两个小弹簧蘸少许凡士林放入旋钮两圆孔中，再把两小钢珠粘在弹簧表面，如图8-14所示。

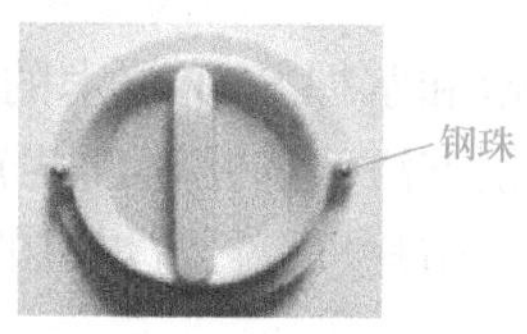

图8-14　旋钮正面

3）将装好液晶显示屏的面板壳扣装在旋钮上，然后装上PCB。

注意：簧片易变形，用力要轻。

（3）固定PCB

1）将PCB对准位置装入表壳（注意：安装螺钉之后再装熔丝管），并用四个螺钉紧固，如图8-15所示。

图8-15　PCB的固定

2）装上熔丝管和电池，转动旋钮，液晶显示屏应正常显示。

注意：螺钉不要拧得太紧，以免PCB断裂。

5. 调试

数字万用表的功能和性能指标由集成电路和外围元器件得到保证，只要安装无误，仅需要简单调整即可达到设计指标。

（1）校准和检测原理　以集成电路7106为核心构成的数字万用表基本量程为DC200mV，其他量程和功能均通过相应转换电路转为基本量程。故校准时只需对参考电压DC100mV进行校准即可保证基本精度，其他功能及量程的精确度由相应元器件精度和正确安装来保证。

（2）检测方法　找一标准 DC100mV 电源，通过与精度高的万用表比对，调节电位器 RP1 来校准显示值。

8.2 简易电子琴的制作

8.2.1 实训项目简介

1. 实训目的

通过小型电子产品的制作，了解和掌握 SMT 技术的概念、特点、作用、现状与发展；掌握 SMT 元器件的型号、规格及识别方法；掌握 SMT 生产线设备的种类、组成、工作原理及主要特性；掌握 SMT 丝网印刷机、贴片机、再流焊机的安全操作规程。

2. 项目简介

本次综合实训项目结合了 SMT 生产的整个设计工艺的流程，并且采取、借鉴了企业工程设计人员和技术专家的工程经验，精心设计了一个简易电子琴的制作过程，此电子琴能发出三组音阶，同时用发光二极管作为电源指示和按键音指示。整个项目在契合课程内容的同时，也极具趣味性，能够调动起学生的兴趣，积极投身到项目的制作中来。

此项目包含了 SMT 生产过程中的基本知识点和技能点，包含 SMT 工艺文件的编写、贴片机软件的编程、电路图的设计、PCB 的制作、贴片元器件的选取手册的识读等。其中，SMT 工艺文件包含焊锡膏存储和使用作业指导书、钢网的管理及使用作业指导书、印刷工序作业指导书、贴片机程序管理作业指导书、贴片机作业指导书、再流焊机作业指导书等。图 8-16 所示为简易电子琴的 PCB 文件和实物图。

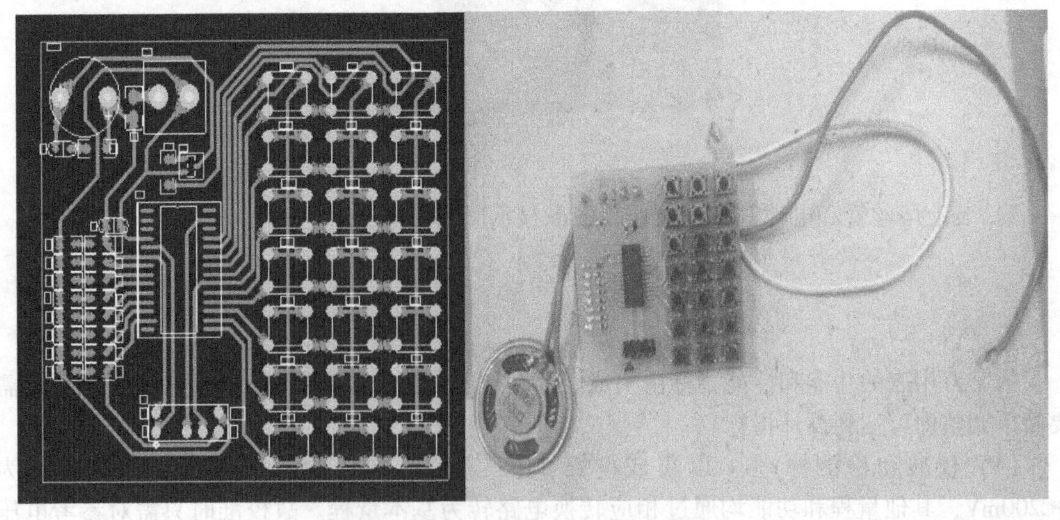

图 8-16　简易电子琴 PCB 文件和实物图

3. 实训器材

实训器材清单见表8-4。

表8-4 实训器材清单

序 号	实训器材	数 量	备 注
1	制板机	1台	全班公用
2	自动印刷工作台	1台	全班公用
3	钢网	1片	全班公用
4	再流焊机	1台	全班公用
5	自动贴片机	1台	全班公用
6	镊子	1套/人	
7	热风枪返修工作台	6台	
8	手工焊接工具	1套/人	
9	万用表	1套/人	

实训产品元器件清单见表8-5。

表8-5 实训产品元器件清单

序 号	名 称	规 格	数 量
1	二极管（贴片）	1N4148	3个
2	蜂鸣器	8Ω、0.5W	1个
3	电容（贴片）	0805（0.01μF）	5个
4	发光二极管（贴片）	0805（颜色随意）	14个
5	LGT8F08A单片机	LGT8F08A（SOP-28封装）	1块
6	电阻（贴片）	1kΩ（0805封装）	15个
7	晶体管（贴片）	S8050（SOT-23封装）	2个
8	单面感光板	100mm×75mm	1块
9	菲林纸		适量
10	按键（贴片）		24个

8.2.2 实训步骤

1. 实训前检查

1）检查PCB，包括电路图的完整性、电路是否有短路或断路等缺陷。
2）分立元器件的检验。

2. 焊锡膏印刷

使用半自动印刷机将焊锡膏印刷到PCB焊盘上，为元器件的焊接做准备，TPE-200SY

型半自动印刷机外观如图 8-17 所示。

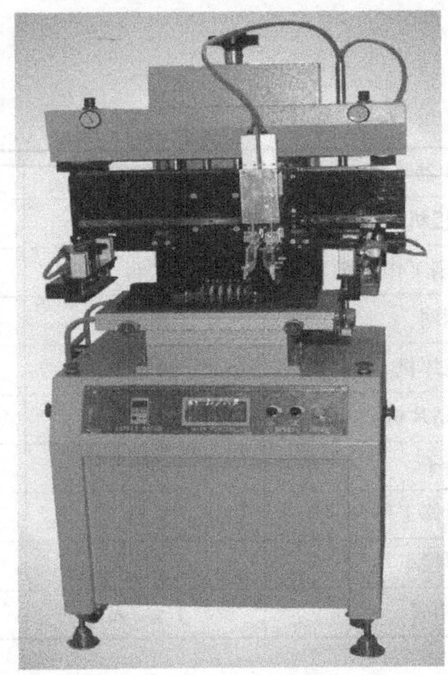

图 8-17　TPE－200SY 型半自动印刷机外观

3. 使用贴片机进行贴片

根据提供的简易电子琴 PCB 文件，自行导出 Generates Pick and Place Files 坐标文件，再使用 BV－TC1706－3DSG 型全自动贴片机进行贴片，具体步骤可参考 7. 2. 2。此贴片机的操作界面如图 8-18 所示。

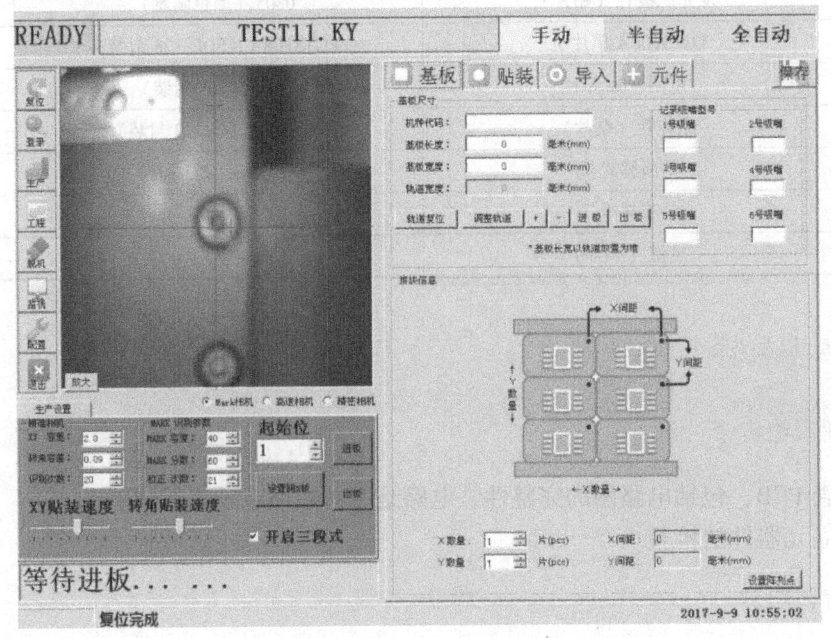

图 8-18　全自动贴片机操作界面

4. 再流焊

检查贴片元器件无漏贴、错位后，再进行再流焊。再流焊机使用 TPE－810CHL 型热风再流焊机，外观如图 8-19 所示。焊接完毕后，检查焊接质量并修补。

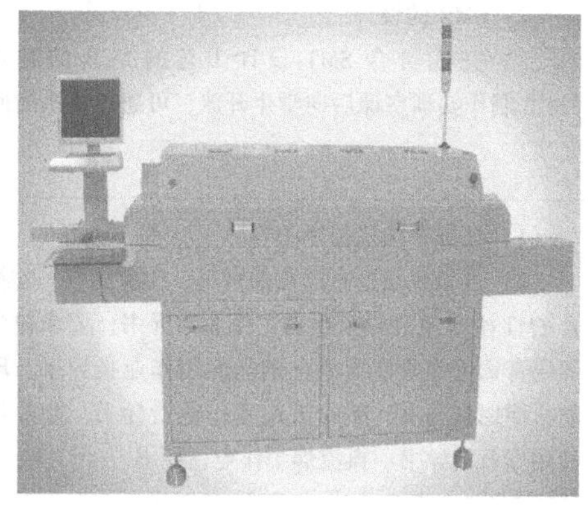

图 8-19 TPE－810CHL 型热风再流焊机外观

5. 手工焊接

最后使用手工焊接对通孔插装元器件进行焊接。

6. 调试及检查

所有元器件焊接完成后，先目视检查，后采用 5V 直流电上电并检查。检查按照如下步骤完成：

1）元器件检查：型号、规格、数量及安装位置、方向是否与图样相符。
2）焊点检查：有无虚焊、漏焊、桥连及飞溅等缺陷。
3）上电检查要求：按键手感良好，按键音清晰。

8.2.3 项目推进方式

1. 教学实施过程

表 8-6 所示为推荐的教学实施过程和参考学时分配。

表 8-6 教学实施过程和参考学时分配

序号	工作过程	教学实施过程	综合能力	学时
1	前期准备工作	（1）下发任务书、任务要求说明、验收要求说明等资料 （2）分组，小组成员为 2～3 人，要求成员互相讨论相互的任务职责，其中一人为组长，由小组长分配组员进行资料收集、工艺作业书设计、工艺实施、项目汇报等工作 （3）资料查询手段说明，发放需要用到的参考资料	沟通、分析能力	1

（续）

序号	工作过程	教学实施过程	综合能力	学时
2	电子琴电路原理图的识别和符合SMT设计工艺的PCB的设计	（1）电子琴原理图发放，符合SMT要求的PCB封装的加载方法 （2）SMB的设计 （3）完成符合SMT设计工艺的PCB的制作（PCB制作实训室课后向学生开放，可通过课余时间完成）	符合SMT生产工艺的电路的设计能力	2
3	任务书的编写	（1）任务书格式要求书写 （2）由学生通过查阅相关资料，要求完成一套符合SMT生产规范的生产工艺作业指导书，要求包含焊锡膏选用作业指导书、钢网使用作业指导书、印刷机使用指导书、贴片机编程作业指导书、贴片机使用作业指导书、再流焊炉作业指导书	SMT生产工艺流程作业指导书的设计和编写	3
4	钢网制作工艺	（1）钢网制作工艺过程 （2）由PCB文件导出适合钢网制作的Gerber文件，由同学现场模拟练习线上制作钢网的流程	钢网的制作能力	1
5	贴片机编程软件的操作	（1）通过模拟方式从PCB中导出坐标文件、BOM表或者Gerber文件 （2）进行贴片机离线编程软件的操作，要求进行尺寸的测量和拼版处理	贴片机的编程和操作能力	2
6	实物的制作	（1）通过模拟方式从PCB中导出坐标文件、BOM表或者Gerber文件 （2）进行贴片机离线编程软件的操作，要求进行尺寸的测量和拼版处理	项目的制作能力	3
7	电路调试和评价	（1）电路调试 （2）电路互检（组长的电路由老师检查） （3）小组统计（组长负责） （4）小组汇报（PPT形式） （5）答辩 （6）综合评分（老师，课后）	发现问题、解决问题的能力和项目答辩能力	3

2. 项目评价

考核评价：成果验收为项目报告、项目任务书、实物和操作过程的方式，并将考核成绩记录在最终期末成绩里。

评价方式：个人自评、小组互评、教师评价。

考核内容：符合SMT设计规范的PCB电路图。

Gerber文件、BOM表、坐标文件。

贴片机编程程序文件。

项目作业指导书。

针对 SMT 工艺要求的简易电子琴电路实物。

项目说明文档和 PPT。

综合项目考核评分标准见表 8-7。

表 8-7 综合项目考核评分标准

考核内容	考核要求	分值（分）	实得分
PCB 的绘制、坐标文件的制作、Gerber 文件的制作（10 分）	符合 SMT 生产规范的 PCB 电路图的绘制	5	
	Gerber 文件、坐标文件、BOM 表的导出与整理	5	
实物制作过程（45 分）	PCB 制板	10	
	贴片机编程	10	
	温度曲线的绘制	5	
	焊锡膏印制、贴片、焊接和机器操作规范	15	
	控制系统调试及故障排除	5	
作业指导书书写（20 分）	焊锡膏作业指导书	4	
	钢网使用指导书	4	
	印刷作业指导书	4	
	贴片作业指导书	4	
	再流焊机作业指导书	4	
完成时间（5 分）	项目完成时间	5	
总结报告（10 分）	项目总结报告编写	10	
其他（10 分）	文明规范、安全用电	10	
	答辩		
总分		100	

参考文献

[1] 顾霭云，张海程，徐民，等．表面组装技术（SMT）基础与通用工艺［M］．北京：电子工业出版社，2014.

[2] 韩满林，郝秀云．表面组装技术（SMT工艺）［M］．2版．北京：人民邮电出版社，2014.

[3] 何丽梅．黄永定．SMT技术基础与设备［M］．2版．北京：电子工业出版社，2007.